BEI GRIN MACHT SICH IHR WISSEN BEZAHLT

- Wir veröffentlichen Ihre Hausarbeit, Bachelor- und Masterarbeit

- Ihr eigenes eBook und Buch - weltweit in allen wichtigen Shops

- Verdienen Sie an jedem Verkauf

Jetzt bei www.GRIN.com hochladen und kostenlos publizieren

Bibliografische Information der Deutschen Nationalbibliothek:

Die Deutsche Bibliothek verzeichnet diese Publikation in der Deutschen National-
bibliografie; detaillierte bibliografische Daten sind im Internet über http://dnb.d-
nb.de/ abrufbar.

Impressum:

Copyright © 2016 GRIN Verlag, Open Publishing GmbH
Druck und Bindung: Books on Demand GmbH, Norderstedt Germany
ISBN: 9783668415058

Sahba Abodiyat

Propuesta de una Dieta Hiposodica en los Restaurantes del Barrio de Caballito

GRIN Verlag

Universidad Maimónides

CARRERA: ESPECIALISTA EN MEDICINA FAMILIAR
PROYECTO

PROPUESTA DE UNA DIETA HIPOSODICA EN LOS RESTAURANTES DEL BARRIO DE CABALLITO – CAPITAL FEDERAL

ALUMNO

SAHBA ABODIYAT

SEPTIEMBRE 2016

RESUMEN

El presente es un estudio de tipo descriptivo y transversal, realizado en base a los datos aportados por las encuestas de los 10 restaurantes más concurridos del barrio de caballito de capital federal.

El objetivo fue conocer si disponen de un menú hiposódico debido a la alta prevalencia de enfermedades crónicas no trasmisibles en nuestro país en correlación al consumo de la sal.

Se determinó dentro de la población estudiada que ninguno de los restaurantes hasta el momento tiene a disposición un menú hiposódico para los clientes que así lo soliciten.

Sin embargo cabe destacar otros datos de relevancia como el hecho de que el 80% de los restaurantes encuestados si conoce la Ley de reducción de consumo de sal y que el 50 % no implementa la utilización de sal en la preparación de sus alimentos.

AGRADECIMIENTO

AGRADEZCO:

A Dios por poner en mi camino esta noble carrera de médico de familia, la cual me acompañara en el ejercicio de esta noble profesión de curar con el corazón y la mente, viendo al ser humano como un todo.

A mis padres Shahdokht Behizad y Rezvanallah Abodiyat por darme la vida, su apoyo y amor incondicional.

A mi esposa Bahieh Khorsandnia por su apoyo y cuidado durante mi formación como médico de familia.

A mis compañeros de clases durante la especialidad.

A mi tutora de tesis Licenciada Soledad Varas.

A mis distinguidos profesores Dra. Analia Cucchiara y Dr. Julio Matz, por su guía y orientación en la consecución de este trabajo.

A todos los profesores de la carrera que han colaborado con sus conocimientos, para poder desarrollarme como profesional del arte de curar en el campo de la medicina familiar.

A Patricia desde la secretaria de la Carrera de Medicina por su esmerada atención y acompañamiento en cada uno de los trámites.

Finalmente agradezco a la Universidad Maimónides por permitirme ser uno de sus egresados.

PRÓLOGO

Siendo las enfermedades crónicas no trasmisibles una de las principales causas de mortalidad a nivel global, y teniendo a consideración que el consumo de sal es uno de sus detonantes en enfermedades como la hipertensión arterial, sus consecuencias y complicaciones, se entiende la importancia de este trabajo practico que tiene como objetivo hacer una reflexión sobre las medidas desde el ámbito de los cuidados y promoción de hábitos saludables en correlación al consumo de sal en los restaurantes para promover un consumo de sodio que respete los límites de la fisiología humana siendo ella no mayor a los 5 gr por día según la OMS.

Se tiene también a consideración de que los argentinos no conocen la cantidad de sodio en los alimentos y los efectos perjudiciales a largo plazo del mismo sobre su salud.

Por tal motivo la importancia del estudio sobre la propuesta de una dieta hiposódica en los restaurantes para todos los todos los clientes que así lo soliciten independientemente de su estado de salud.

ÍNDICE

INTRODUCCIÓN

Las enfermedades no transmisibles, como las enfermedades cardíacas y los accidentes cerebrovasculares (ACV), son las principales causas de muerte prematura en el siglo XXI. La OMS brinda apoyo a los gobiernos para que pongan en práctica el plan de acción para la estrategia mundial para la prevención y el control de las enfermedades no transmisibles, que comprende nueve objetivos globales, incluido el de reducir el consumo de sal en el mundo en un 30% para el año 2025. [1]

En todos los países de América, la ingesta de sal está muy por encima de los 5 gramos diarios recomendados por la OMS. En la Argentina, según la Encuesta Nacional de Nutrición y Salud, el consumo de sal ronda los 12 g/día/persona. En Brasil, cada habitante ingiere por día 11 g; en Chile, 9 g; y en Estados Unidos 8,7 g, de acuerdo con la Organización Panamericana de la Salud (OPS). La OPS tiene como meta reducir gradualmente el consumo de sal en el continente hasta alcanzar los 5 gramos en el año 2020.

Los estudios muestran que reducir un gramo por día el consumo de sal sería más rentable a 10 años que utilizar medicamentos para bajar la presión arterial. Una persona adquiere sodio a través de los alimentos, especialmente los procesados, y a través de la sal que agrega a las comidas durante la cocción o en la mesa. En la Argentina, según la última Encuesta de Factores de Riesgo, el 25% de la población le pone siempre sal a la comida. Con todo, el aporte mayor de sal proviene de los alimentos industrializados, que aportan alrededor del 65% de la sal que ingieren a diario los argentinos.

Se estima que más del 35% de la población argentina padece hipertensión arterial. Con una reducción de 3 gramos de sal por persona, se podrían evitar alrededor de 6.000 muertes anuales por enfermedades cardiovasculares y ataques cerebrales.[2]

---

[1] World health organization. Día Mundial del Corazón 2014: con menos sal se salvan vidas. [Consultado 2015 diciembre 03]. Disponible en: http://www.who.int/mediacentre/news/notes/2014/salt-reduction/es/

[2] Sociedad argentina de cardiología. Baja el consumo de sal en Argentina. [Consultado 2015 diciembre 03]. Disponible en: http://www.sac.org.ar/baja-el-consumo-de-sal-en-argentina/

La mayoría del sodio que se consume habitualmente proviene de los alimentos procesados o industrializados, donde los consumidores no tienen participación ni conocimiento sobre la cantidad de sal agregada. En nuestro país se calcula que entre el 65% y el 70% de la sal que se consume proviene de dichos alimentos.

En este contexto, para disminuir el consumo de sal en la población no alcanza con promover cambios a nivel individual sino que son necesarias políticas de salud pública que promuevan el acceso igualitario a alimentos saludables y limiten el contenido de sodio de los alimentos procesados. [3]

---

[3] Fundación interamericana del corazón argentina. Consumo de sal. [Consultado 2015 diciembre 03]. Disponible en: http://www.ficargentina.org/index.php?option=com_content&view=category&id=104&Itemid=73&lang=es.

PROBLEMA

En los restaurantes más concurridos del barrio de Caballito: ¿Se encuentra disponible un menú hiposódico para aquellas personas que así lo soliciten?.

OBJETIVOS DEL TRABAJO

- **General:**

  Evaluar si se dispone de un menú hiposódico en los restaurantes más concurridos del barrio caballito en capital federal durante el mes de agosto del año 2016.

- **Específicos:**
- Observar y analizar el cumplimiento de la Ley 26.905 en restaurantes más concurridos del barrio caballito de capital federal.
- Evaluar si se cocina con o sin sal los alimentos.
- Evaluar si se dispone de al menos un menú hiposódico.

HIPÓTESIS

Los argentinos consumen alimentos con alto contenido en sodio y en el día superan las RDA (recomendaciones diarias aconsejadas) = 2,4 g/día[4], ya que desconocen el contenido de sodio en los alimentos y no son conscientes de los efectos adversos en su salud, siendo así propensos a las enfermedades crónicas no trasmisibles.

---

[4] López L, Suárez M. (2014). Fundamentos de nutrición normal. Agua y electrolitos. (14ava ed.). Editorial El Ateneo. Bs. As. Cáp. 13. pág. 326.

MARCO TEÓRICO

Capítulo 1. El Sodio y la salud.

1.1 Enfermedades crónicas no transmisibles

Las enfermedades no transmisibles (ENT) son la principal causa de mortalidad en todo el mundo, pues se cobran más vidas que todas las otras causas combinadas. De los 57 millones de muertes que tuvieron lugar en el mundo en 2008, 36 millones, es decir el 63%, se debieron a ENT, especialmente enfermedades cardiovasculares, diabetes, cáncer y enfermedades respiratorias crónicas. Con el aumento del impacto de las ENT y el envejecimiento de la población, se prevé que el número de muertes por ENT en el mundo seguirá creciendo cada año, y que el mayor crecimiento se producirá en regiones de ingresos bajos y medios. Se prevé que en 2030 superarán a las enfermedades transmisibles, maternas, perinatales y nutricionales como principal causa de defunción.

Los costes para los sistemas sanitarios a causa de las ENT son elevados, y se prevé que aumentarán. Los altos costes para las personas, las familias, las empresas, los gobiernos y los sistemas sanitarios tienen gran repercusión en la macroeconomía. Cada año las cardiopatías, los accidentes cerebrovasculares y la diabetes causan pérdidas de miles de millones de dólares en la renta nacional de la mayoría de los países más poblados del mundo. Los análisis económicos sugieren que cada aumento del 10% de las ENT se asocia a una disminución del 0,5% del crecimiento anual de la economía. [5]

Además, se sabe que el 80% de los casos de cardiopatía, accidente cerebrovascular y diabetes de tipo II y el 40% de los casos de cáncer pueden prevenirse mediante intervenciones de bajo costo y rentables. En el Informe sobre la Salud en el Mundo de la OMS de 2002 se calculó que a nivel mundial el 62% de las enfermedades cerebrovasculares y el 49% de las cardiopatías isquémicas se debieron a la elevación de la presión arterial (presión arterial sistólica > 115 mmHg). Las cardiopatías son la

---

[5] World health organization. Informe sobre la situación mundial de las enfermedades no transmisibles 2010 [Consultado 2015 diciembre 03]. Pág. 1-12. Disponible en: http://www.who.int/nmh/publications/ncd_report_summary_es.pdf

principal causa de muerte de los mayores de 60 años y la segunda causa de muerte en personas de 15-59 años. El informe examina las estrategias para reducir los riesgos asociados a las enfermedades cardiovasculares y establece que las estrategias de reducción del consumo de sal en toda la población fueron las más rentables en todos los ámbitos. [6]

1.2 Definición del Sodio

El sodio es el principal catión del líquido extracelular, es indispensable para la regulación del volumen de ese líquido, la osmolaridad, el equilibrio acido base y el potencial de membrana de las células. Es también necesario para la trasmisión de los impulsos nerviosos y, por consiguiente, para mantener la normal excitabilidad muscular. Participa además en el mecanismo de absorción de varios nutrientes y forma parte de las secreciones digestivas.

El sodio se absorbe eficientemente por un mecanismo activo en función de la absorción de glucosa y aminoácidos. Puede absorberse tanto en el duodeno como en el íleon terminal y el colon. Sólo el 5 % del total consumido se excreta en las heces.

La sal de mesa, o cloruro de sodio, constituye el principal aporte de sodio en la alimentación. El contenido porcentual de sodio en la molécula de cloruro der sodio es del 40 %. El sodio es constituyente de varios aditivos utilizados por la industria alimenticia, como el propionato de sodio, sulfito de sodio, carbonato de sodio y el glutamato monosódico, entre otros, por lo que los alimentos procesados contribuyen sustancialmente al aporte diario de sodio. Naturalmente, todos los alimentos contienen sodio.

Estudios realizados en Inglaterra revelaron que del contenido total de sodio en la alimentación, el 75 % procedía del contenido en los alimentos procesados, el 15 % provenía de la sal añadida durante la cocción y el 10 % del sodio contenido

---

[6] World health organization. Reducción del consumo de sal en la población. Informe de un foro y de una comisión técnica de la OMS. Pág. 7. [Consultado 2015 diciembre 03]. Disponible en: (http://www.who.int/dietphysicalactivity/salt-report-SP.pdf

naturalmente en los alimentos. El consumo promedio de sodio en alimentaciones que contienen elevadas proporciones de productos procesados se ha estimado que oscila entre 6 a 10 gramos diarios.

El consumo elevado en forma crónica de sodio se relaciona con el desarrollo de hipertensión arterial en individuos sensibles. La ingesta excesiva aguda de sodio ocasiona un aumento del compartimiento extracelular, ya que el agua sale de las células para mantener una concentración adecuada del catión, esto produce edema y consecuentemente hipertensión[7].

1.3 La Dieta actual y el sodio

La dieta actual, rica en sodio y pobre en potasio, es inadecuada para la función renal de conservar sodio y excretar potasio, por lo cual la dieta debería respetar una relación potasio/sodio elevada (0,2 a 2) para la prevención y el tratamiento de la HTA esencial. El aumento de la PA a lo largo de las décadas se observa con una ingesta mayor de 6 g/día. El efecto hipotensor de la restricción en el consumo de sodio varía de un individuo a otro, con dependencia de la presencia de los diferentes grados de "sensibilidad a la sal". La disminución de la ingesta de sodio causa una disminución progresiva de los valores de PA en normotensos e hipertensos.

En adultos, la ingesta de cloruro de sodio no debería ser mayor de 2-6 g/día, con un valor objetivo diario de 2,3 g en normotensos y de 1,5 g en pacientes de raza negra, mayores de 40 años, hipertensos, diabéticos o renales crónicos. Estos valores deben adecuarse en atletas de alta competición, trabajadores a altas temperaturas e ingesta de depletores de potasio. En niños, los valores diarios recomendados son: 5 g (7 a 10 años), 2 g (1 a 3 años) y < 1 g (< 1 año). Se ha comunicado el reemplazo en forma exitosa de la sal común por otras sales minerales, solas o combinadas con sodio o entre sí, como potasio, calcio y magnesio. El consumo de sodio debe monitorizarse con

---

[7] López L, Suárez M. (2014). Fundamentos de nutrición normal. Agua y electrolitos. (14ava ed.). Editorial El Ateneo. Bs. As. Cap. 13. pág. 325-328.

ionograma urinario. La acción hipotensora de la dieta hiposódica tiene un efecto sinérgico con la acción de los medicamentos antihipertensivos.

El menor consumo de sodio se ha relacionado con un descenso significativo de eventos a largo plazo, medida costo-efectiva para la salud pública. Como el 75-80% del sodio de la dieta proviene de alimentos procesados, se deberá trabajar con la industria para promover el descenso de los contenidos de sodio. Al presente, un solo trabajo comunica una relación inversa entre consumo de sodio y muerte de causa cardiovascular, e igual riesgo de desarrollo de HTA, tal vez por activación del sistema simpático, estableciendo controversia acerca de la indicación indiscriminada de una dieta hiposódica estricta. Una fuerte crítica metodológica posterior ha reavivado el concepto de trasladar resultados de un estudio único y pequeño a la totalidad de la comunidad, ignorando la evidencia previa.[8]

1.4 Consecuencias del consumo excesivo de sal

1.4.1 Hipertensión

El consumo excesivo de sal es una de las principales causas de hipertensión en la población. De hecho, el 30% de los casos de hipertensión son atribuibles a una ingesta de sal mayor a los valores diarios recomendados por la comunidad científica internacional. La hipertensión constituye, a su vez, el principal factor de riesgo de enfermedades no transmisibles como el infarto, los accidentes cerebrovasculares y las enfermedades renales.

La presión arterial elevada explicaría el 62% de los accidentes cerebrovasculares y el 49% de las enfermedades coronarias.

---

[8] Sociedad argentina de cardiología. Revista argentina de cardiología. Consenso de hipertensión arterial. Vol. 81. suplemento 2. Agosto 2013 pág. 22. Consultado 2015 septiembre 01]. Disponible en: http://www.sac.org.ar/wp-content/uploads/2014/04/Consenso-de-Hipertension-Arterial.pdf

En América Latina, de 26 a 42% de la población mayor de 18 años es hipertensa. En Argentina, según la Encuesta Nacional de Factores de Riesgo de 2013, se calcula que este problema afecta alrededor de 1 cada 3 personas adultas (34,1% de la población).

1.4.2 Cáncer de estómago

Existe evidencia suficiente que demuestra que el consumo excesivo de sal puede ser una de las principales causas de cáncer de estómago. Se ha demostrado la asociación directa entre el consumo de sal y muertes por cáncer de estómago entre 39 poblaciones de 24 países. También se demostró que la infección por Helicobacter pylori que causa tanto úlceras de duodeno y gástricas como cáncer de estómago, está asociada con el consumo de sal. La reducción en el consumo de sal puede reducir esta infección y prevenir, así, el cáncer de estómago.

1.4.3 Efecto directo sobre el Accidente Cerebrovascular (ACV)

Estudios epidemiológicos han demostrado la relación directa entre el consumo de sal y el riesgo de accidente cerebrovascular, independientemente de la presión arterial.

1.4.4 Otros efectos nocivos de la sal

Independientemente del efecto sobre la presión arterial, existe evidencia sobre otros efectos perjudiciales sobre la salud.

El excesivo consumo de sal también es causa litiasis renal y tiene una fuerte asociación con la osteoporosis, la retención de líquidos (ligada a la insuficiencia cardíaca y al edema), la obesidad y el asma. [9]

---

[9] Fundación interamericana del corazón argentina. Daño para la salud del consumo excesivo de sal. [Consultado 2015 diciembre 03]. Disponible en: http://www.ficargentina.org/index.php?option=com_content&view=article&id=259%3Adano-para-la-salud-del-consumo-excesivo-de-sal&catid=104%3Asal&Itemid=73&lang=es

1.5 Efectos de la restricción de sodio en la dieta sobre la presión arterial

Una dieta baja en sal se recomienda en todas las directrices internacionales y nacionales como un componente de la terapia no farmacológica de la hipertensión primaria (antes llamada hipertensión "esencial").

1.5.1 Reducción de la presión arterial

La reducción de sodio en la dieta puede reducir la presión arterial (PA) en individuos normotensos, prehipertensos e hipertensos, incluidos los ancianos. Varios ensayos de intervención y los estudios observacionales han examinado la relación entre la ingesta de sodio y la presión arterial, y la mayoría reportan una asociación directa entre la ingesta elevada de sodio y la presión arterial elevada. Los mejores datos sobre el efecto de la reducción de sodio en la disminución de la presión arterial provienen de un meta-análisis de 2013 que incluyó 23 ensayos de los pacientes hipertensos y 14 ensayos de pacientes normotensos. Una disminución en la ingesta de sodio de aproximadamente 75 mEq / día durante cuatro o más semanas dio lugar a una caída de la presión arterial de 5/3 mmHg entre hipertensos y 2/1 mmHg entre normotensos.

Aunque la reducción de la presión arterial observadas en pacientes normotensos fueron pequeñas, podrían, si se mantiene durante largos períodos, ofrecer una protección considerable contra los eventos cardiovasculares.

1.5.2 Respuesta a los fármacos antihipertensivos

Además de su efecto directo sobre presión arterial, la reducción del volumen extracelular mediante la limitación de la ingesta de sodio puede mejorar la respuesta a la mayoría de los fármacos antihipertensivos, excepto posiblemente bloqueadores de los canales de calcio. La restricción de sodio también puede disminuir el grado de depleción de potasio después del tratamiento con un diurético.

La reducción de sodio en la dieta, mediante el aumento de la liberación de renina, hace a la presión arterial más dependiente de la angiotensina II y, por tanto, con mayor capacidad de respuesta a la terapia con un inhibidor de la ECA o antagonista de los receptores angiotensina II. Un sistema renina-angiotensina menos sensible puede ser una de las razones por las que los negros parecen ser más sensibles a la restricción de sodio que los blancos. Incluso los pacientes tratados con la combinación de un diurético y un inhibidor de la ECA fueron beneficiados a partir de una reducción en la ingesta de sodio (por ejemplo, de 195 a 105 meq / día). En este sentido, la presión arterial había descendido en un promedio de 9/3 mmHg.

En los pacientes con enfermedad renal crónica proteinúrica que ya son tratados con inhibidores de la ECA, la reducción de la ingesta de sodio disminuye sustancialmente tanto la presión arterial y la proteinuria en un grado mayor de lo logrado mediante la adición de un antagonista del receptor de la angiotensina al inhibidor de la ECA.

1.5.3 Bloqueadores de los canales de calcio

El consumo de sodio parece no tener una influencia importante en el grado de control de la presión arterial conseguida por los antagonistas del calcio. Además, en algunos, pero no en todos los estudios, los bloqueantes de los canales de calcio no proporcionan ningún efecto antihipertensivo adicional a los diuréticos. Un posible mecanismo es que la terapia inicial con bloqueadores de los canales de calcio se asocia a menudo con una natriuresis similar a la observada con un diurético. Este efecto parece estar mediado por la reducción de la reabsorción de sodio tubular proximal y distal. La pérdida de sodio inducida por el bloqueador del canal de calcio se invierte con el cese de la terapia, ya que aproximadamente 40 a 150 mEq de sodio son retenidos en la primera semana.

El efecto natriurético de los bloqueadores del canal de calcio puede parecer sorprendente en vista de la complicación infrecuente de edema periférico en pacientes tratados con bloqueadores de los canales de calcio tipo dihidropiridina. Sin embargo, el edema en este contexto es el resultado de la redistribución de fluido del espacio vascular hacia el intersticio en lugar de la retención de sodio.

1.6 Efectos de la restricción de sal en la dieta sobre la enfermedad cardiovascular y la mortalidad

Una evidencia parcial aunque no total apoya un beneficio cardiovascular a la restricción de la sal. La literatura no proporciona una respuesta definitiva: hay varias razones posibles para esto:

• A diferencia de los cambios en la presión arterial, que pueden ser evaluados en períodos cortos de tiempo, los efectos de la reducción de sodio en las enfermedades cardiovasculares y la mortalidad requieren muestras de gran tamaño y largo plazo de seguimiento. Varios investigadores han argumentado que un ensayo aleatorio con poder estadístico adecuado para examinar los efectos de la restricción de sodio sobre la enfermedad cardiovascular y la mortalidad requeriría más de 20.000 pacientes seguidos durante cinco años.

• Los participantes en los ensayos de la restricción de sodio en la dieta suelen reanudar una ingesta de sodio regular (o alta), una vez que termina el período de intervención del ensayo. Por lo tanto, los efectos beneficiosos o adversos de la restricción de sodio que podrían ser deducidos mediante el análisis de seguimiento de los ensayos existentes son susceptibles de ser restados en importancia por la reanudación de una dieta alta en sodio.

Los mejores datos disponibles provienen de dos meta-análisis de ensayos aleatorios con períodos de intervención de al menos seis meses. Un meta-análisis analizó por separado los ensayos de pacientes que eran normotensos al inicio del estudio o hipertensos al inicio del estudio. Los resultados fueron mejores con restricción de sodio, pero el efecto no fue estadísticamente significativo. El segundo metaanálisis combinó los resultados en los pacientes normotensos e hipertensos. Con el aumento de la relevancia estadística obtenida mediante la combinación de los estudios, la restricción de sodio se asoció con una reducción significativa en los eventos cardiovasculares (8 frente a 10,1 por ciento), aunque el beneficio en la mortalidad no fue significativo. Este beneficio cardiovascular, si es real, puede deberse al menos en parte a una menor presión arterial debida a la restricción de sodio.

Además de estos ensayos aleatorios, se han realizado numerosos estudios observacionales; algunos encontraron que un alto consumo de sodio aumenta de forma independiente el riesgo de enfermedad cardiovascular y muerte, mientras que algunos encontraron que tanto el consumo alto y bajo de sodio se asocia con un mayor riesgo.

1.7 Otros beneficios de la restricción de la sal

Hay una serie de otras consecuencias adversas potenciales a un alto consumo de sal que puede ser mejorado por la restricción de sodio en la dieta, independientemente de la presión arterial. Éstas incluyen:

• La reducción de la excreción urinaria de calcio, que puede proteger contra las piedras de calcio y el desarrollo de la osteoporosis con la edad.

• El incremento del efecto antiproteinúrico de los inhibidores de la angiotensina en pacientes con enfermedad renal crónica.

• La regresión de la hipertrofia ventricular izquierda.[10]

---

[10] Uptodate. Consumo de sal, restricción de sal e hipertensión primaria (esencial). [Consultado 2015 diciembre 03]. Disponible en: http://www.uptodate.com/contents/salt-intake-salt-restriction-and-primary-essential-hypertension?source=machineLearning&search=sal&selectedTitle=1~150§ionRank=2&anchor=H187520963#H12

1.8 Costo-efectividad de la reducción de la sal

En el 2001, el manejo de la presión arterial no optima y las enfermedades resultantes de esta consumieron aproximadamente un 10% de los gastos del cuidado de la salud a nivel global, considerando este como un estimado conservativo. Si se suman las pérdidas por muerte prematura, el costo puede ser hasta 20 veces más elevado. Reducir la presión arterial efectivamente en una escala universal requiere de acciones con gran alcance a la población. El asesoramiento individual y la enseñanza, parte de cualquier enfoque global de la presión arterial saludable, tienen un impacto limitado. Por otro lado, la reducción de sal en la dieta de poblaciones enteras, no sólo lo que se utiliza en la mesa, pero más importante aún, la que se añade a alimentos tratados y confeccionados como el pan, carnes procesadas y cereales para el desayuno, pueden distribuir los beneficios de la disminución de la presión arterial amplia y equitativa.

Se justifica que los gobiernos tomen un enfoque poblacional para reducir la ingesta de sal ya que los aditivos de sal en los alimentos son tan comunes. Las personas no son conscientes de la cantidad de sal que están comiendo en diferentes alimentos y de los efectos adversos en su salud. Los niños son especialmente vulnerables. La reducción de la presión arterial mediante la reducción de la ingesta de sal a nivel poblacional es efectivo. Una estrategia que combine los medios de comunicación y campañas de concientización con la regulación del contenido de sal en los productos alimenticios se ha estimado que costará entre $ 0.04 y $0.32 dólares EE.UU. por persona por año. En 10 años, esta estrategia se prevé que evitará 8.5 millones de muertes en todo el mundo, mayormente las enfermedades cardiovasculares. El ahorro en los presupuestos de asistencia sanitaria puede ser cuantioso. Investigadores en el Reino Unido estiman que el logro de la ingesta de sal en la dieta de menos de 6 g / día podría reducir la necesidad de fármacos antihipertensivos en un 30%.

Una reducción del 10% en el consumo de sal en el Reino Unido desde 2000-01, que se atribuye a los esfuerzos combinados graduales y sostenidos de la industria de reducir la sal en los productos alimentarios y de la campaña de información de la Agencia de Seguridad Alimentaria, ha dado un ahorro de coste-beneficio de £ 1.5 billones. En los EE.UU., si el consumo promedio de la población se redujera a 5g/día, podría haber 11 millones de casos menos de hipertensión, el ahorro sería de aproximadamente 18 billones de dólares en asistencia sanitaria y la obtención de unos 32 billones de dólares en los años de vida ajustados por calidad. En Canadá, la reducción de los aditivos alimentarios de sal se estima en disminuir la prevalencia de hipertensión en un 30% y casi el doble de la tasa de éxito en el tratamiento y control. El ahorro directo al sistema de salud simplemente de reducir los costes de gestión de la hipertensión se estima en 430 millones de dólares al año.[11]

En la Argentina, según la última Encuesta de Factores de Riesgo, el 25% de la población le pone siempre sal a la comida. Con todo, el aporte mayor de sal proviene de los alimentos industrializados, que aportan alrededor del 65% de la sal que ingieren a diario los argentinos.

Se estima que más del 35% de la población argentina padece hipertensión arterial. Con una reducción de 3 gramos de sal por persona, se podrían evitar alrededor de 6.000 muertes anuales por enfermedades cardiovasculares y ataques cerebrales.[12]

---

[11] Organización panamericana de la salud. Declaración Política: Prevención de las enfermedades cardiovasculares en las Américas mediante la reducción de la ingesta de sal alimentaria de toda la población. Pág. 6. [Consultado 2015 diciembre 03]. Disponible en: http://www.paho.org/hq/index.php?option=com_docman&task=doc_view&gid=21483&Itemid=

[12] Sociedad argentina de cardiología. Baja el consumo de sal en Argentina. [Consultado 2015 diciembre 03]. Disponible en: http://www.sac.org.ar/baja-el-consumo-de-sal-en-argentina/

Capítulo 2. El régimen hiposódico

2.1 Características del régimen hiposódico

- **Físicos:** normales si el régimen es normocalórico, o bien adecuados a un plan hipocalórico.

- **Químicos:** cobran importancia el sabor y aroma, los cuales deben ser sápidos y aromáticos para incrementar el sabor de las preparaciones.

Se buscará concentrar las sustancias extractivas a través de formas de preparación que acentúan el sabor.

Se deberá limitar el consumo de bebidas con alto aporte de cafeína y medicamentos que la contengan en los bebedores no habituales.

2.2 Valor vitamínico y mineral

Se deberá contemplar especialmente el aporte de Na y K.

Na = menos de 2500 mg/día (según situación)

K = 4 a 5 g/día

El aporte de potasio deberá ser menor en pacientes con diabetes, insuficiencia renal crónica, Insuficiencia cardíaca, insuficiencia suprarrenal, y en aquellos medicados con IECA, ARA II, antiinflamatorios no esteroides y diuréticos ahorradores de potasio. Al ser el potasio el principal catión intracelular, se encuentra altamente distribuido en los alimentos, ya que es un componente esencial de todas las células vivas. Las principales fuentes son los alimentos no procesados (durante la mayoría de los métodos de procesamiento de los alimentos se tienden concentrar el sodio y a disminuir el potasio), en especial las frutas, los vegetales, las legumbres y las carnes frescas.

Alimentos	Contenido en K (mg %)
Legumbres, frutas desecadas, chocolate	> 1.000
Espinaca, batata, papa, frutas secas	1.000 - 500
Otras frutas y verduras Carnes, cereales, huevo	490 - 100
Lácteos, azúcar	< 100

Fuente: López, Suárez, 2002.

> **"Régimen Hiposódio es aquel que provee menos de 2.500mg de sodio por día".**

1g ClNa contiene
　　　400mg Na
　　　600mg Cl

- Para saber la cantidad de Na (en g) presente en los gramos de ClNa:

Multiplicar los g de ClNa por 0,4

- Para saber la cantidad de ClNa (en g) que representa una cantidad determinada de Na:

Multiplicar los mg de Na por 0,25%

1 mEq de Na: 23 mg de Na

A veces la prescripción del sodio se da en mEq de Na, mg de Na o g. de ClNa, pero siempre para la realización del régimen se debe hacer la conversión a mg de Na, ya que en todas las tablas de composición química de alimentos se presentan los valores en esta unidad de medida.

2.3 Niveles de restricción de sodio

De acuerdo a su contenido en sodio, las dietas hiposódicas se pueden dividir en cuatro categorías: severas, estrictas, moderadas y leves.

Clasificación de dietas hiposódicas

Dieta	mg Na	mEq Na	Gramos ClNa
Severa	200 - 500	10 - 20	0,5 - 1,25
Estricta	500 - 1000	20 - 43	1,25 - 2,5
Moderada	1.000 - 1500	43 - 65	2,5 - 4
Leve	1.500 - 2000	65 - 90	4 - 5

2.4 Posibilidades de ingreso de sodio al organismo

En general, son seis las diferentes posibilidades de ingreso de sodio al organismo:

1. Sal (de cocina o gruesa y de mesa o fina).

2. Alimentos "salados":

- Fiambres y embutidos.

- Alimentos en salmuera.

- Productos *snacks*.

- Caldos y sopas concentradas.

- Conservas.

- Mariscos.

3. Sodio contenido naturalmente en los alimentos.

Según el contenido natural de sodio en los alimentos, a estos se los clasifica en tres grupos: con muy bajo, bajo a moderado y alto contenido en sodio.

4. Agua.

5. Aditivos utilizados por la industria alimenticia.

6. Compuestos utilizados por la industria farmacéutica.

Clasificación de Alimentos según su contenido en Na

Contenido en Na	Alimentos
Muy bajo: (< 40 mg %)	- Cereales y harinas. - Vegetales y Frutas frescas. - Aceites. - Azúcar y dulces caseros. - Infusiones naturales. - Panificados s/sal, con levadura. - Aguas con muy bajo tenor en sodio.

Bajo y moderado:
 (• •40 mg %
 y < 240 mg %)
	- Leche, Yogur y Crema de leche
	 - Carnes y Huevo.
	 - Quesos con bajo contenido en Na.
	 - Vegetales ricos en Na.
	    (acelga, apio, achicoria, escarola,
	    espinaca, radicheta y remolacha).
	 - Aguas con bajo y alto tenor en sodio.

Alto: (• •240 mg %)	- Quesos de mesa o rallar - Manteca y margarina. - Productos de panificación con sal. - Agua Mineral Villavicencio *Sport*

2.5 Compuestos sódicos en los productos industrializados

En la elaboración o el procesado y la conservación de los productos industrializados se utilizan diversos compuestos de sodio, con finalidades específicas:

Compuesto	Utilidad	Productos industrializados
Benzoato sódico	Conservante	Condimentos, salsas, margarinas
Citrato sódico y Glutamato monosódico	Saborizantes	Gelatinas, golosinas, bebidas
Propionato sódico	Blanqueador	Productos congelados
Alginato de sodio	Suavizante	Helados, cremas y bebidas lácteas
Bicarbonato de sodio	Múltiple	Dulce de leche, medicamentos

Es importante leer las etiquetas de los productos alimenticios que se compran, ya que no necesariamente un producto industrial debe ser "salado" para contener un aporte significativo de sodio. En lo posible estos productos industrializados deben ser evitados ante la indicación de una dieta hiposódica estricta, ya que aporta "sodio oculto" a la alimentación habitual.

Productos salados "tipo *snacks*" con alto contenido en sodio

Producto	Contenido en Na (mg %)
Palos de harina de maíz con queso	750
3 D (triángulos de harina de maíz)	1.160
Papas fritas clásicas o saborizadas	800
Palitos	800
Maníes pelados	400
Galletitas saborizadas tipo *Chipits*	1.250

Fuente: según empresas elaboradoras.

2.6 Manejo de las aguas en los regímenes hiposódicos

Los pacientes sometidos a una régimen hiposódico estricto, podrán consumir agua de red o potable, previa consulta al Departamento de Sanidad Pública de su zona de residencia, sobre el contenido en sodio del abastecimiento local de agua. Si el contenido es superior a las 40 partes por millón (40 mg Na/l), se deberá seleccionar aguas comerciales con muy bajo contenido en Na.

Una determinada agua mineral es considerada salina cuando el aporte de cloruro de sodio supera los 0,6 g/l (240 mg Na/l).

Contenido en sodio de las aguas comerciales

Tipo de agua	Contenido mineral (mg/l)		
Muy Bajo contenido en Na	Na	Ca	Mg
Eviam	6,5	80,0	26,0
Dasani	10,0	s/d	5
Eco de los Andes	10,0	30,0	3,0
Glaciar	10,0	40,0	4,0
Bajo a Alto contenido en Na			
Ivess	55,0	27,0	7,0
Nestlé Pureza Vital	79,6	51,5	5,2
Villavicencio	128,0	39,2	40,8
Cellier	134,0	25,0	15,0
Bell's	153,0	21,0	13,0
Villa del Sur	164,0	19,0	12,0
Ser	164,0	160,0	60,0
Sierra de los Padres	205,0	13,5	4,5
Villavicencio *Sport*	274,0	25,9	23,6

Fuente: Según empresas embotelladoras.

2.7 Manejo de las sales en los regímenes hiposódicos

Se recomienda mantenerse por debajo del valor prescripto, teniendo en cuenta que la distribución de la alimentación se hará por porciones, no pudiendo establecerse con precisión los gramos de alimentos aportados; y por otro lado para prever posibles transgresiones por parte del paciente.

> Es conveniente, que al confeccionar los regímenes hiposódicos, se seleccionen los alimentos, de manera tal que la suma de su contenido en Na sea inferior a la cantidad prescripta en por lo menos un 10%.

Tipos de sales disponibles en el mercado

Tipo de sal	Característica	Nombre comercial	%Na↓	% Cl Na	Na(mg/g sal)
Dietéticas	Sin sodio	Cosalt	100	0	0
		Eugusal	100	0	0
		Genser dietética	100	0	0
		Saludable	100	0	0
		Argendiet sabor ajo	100	0	0
		Dharem Singh, natural o saborizada	100	0	0
Modificadas	Con bajo sodio	Dos Anclas *light*	66	33	131
		Dos Anclas light, especias o hierbas	70	30	122
		Sal marina líquida	75	25	98
		Celusal *light*	66	33	130
		Genser Regular	66	33	131
		Genser *Light*	50	50	184
		Genser *sport*	43	57	224
		Genser condimentada finas hierbas	70	30	114
Sellos	Sal común dosificada	Preparado Magistral	0	100	400

Fuente: según empresas elaboradoras.

Sales dietéticas

Son libres de ClNa, a base de ClK o ClNH4. Si bien no aportan nada de Na, no pueden ser utilizadas en todas las patologías.

Para seleccionar sales de potasio, se debe asegurar que exista buena diuresis y que no haya compromiso renal. Para usar sales de amonio no debe existir compromiso hepático.

Sales modificadas

Son sales con menor contenido de ClNa. La sal Genser se presenta en sobres de 1 g y salero, en cambio, Dos Anclas Light, Celusal Light, Genser Light y Genser Sport, sólo en salero, lo cual puede dificultar su dosificación. Lo mismo sucede con la sal marina, que se presenta en forma líquida. Las sales modificadas que aportan aproximadamente un 70% menos de Na, presentan la siguiente composición:

$$\left.\begin{array}{l} -\ 1/3\ \text{ClNa}\ (33\% = 330\ \text{mg ClNa}) \\ -\ 2/3\ \text{ClK}\ (66\% = 660\ \text{mg ClK}) \end{array}\right\} \quad 1\ \text{g Sal modificada} = 132\ \text{mg Na}$$

Las sales modificadas que aportan aproximadamente un 50% menos de Na, presentan la siguiente composición:

$$\left.\begin{array}{l} -\ 1/2\ \text{ClNa}\ (50\% = 500\ \text{mg ClNa}) \\ -\ 1/2\ \text{ClK}\ (50\% = 500\ \text{mg ClK}) \end{array}\right\} \quad 1\ \text{g Sal modificada} = 180/200\ \text{mg Na}$$

Sellos comerciales

Los sellos comerciales son ClNa dosificado. Natrium se presenta en sellos de 0,5 g de ClNa y viene ranurado para poder ser fraccionado en dos cuartos. Tanto las sales dietéticas, las modificadas, como los sellos, deben ser utilizadas en la comida ya servida, ya sea para no modificar su sabor por calor en el caso de las dietéticas o modificadas, como para no desperdiciar durante la cocción, en el caso de los sellos. Si existe poco margen de manejo, por lo cual deben ser utilizadas en baja cantidad, se deberán usar en aquellos alimentos que lo necesitan perentoriamente (caso de papas y pastas). Se debe reservar el ClNa para los alimentos más insípidos, siguiendo un orden de manejo: agregar en las últimas preparaciones, debido al fenómeno de persistencia de las sensaciones gustativas. Se deben adecuar las preparaciones en orden creciente de sabor y aroma.[13]

2.8 Sustitución de la sal

Podemos resaltar sabores de los alimentos, utilizando sustitutos, condimentos, especias aromáticas y determinados tipos de cocción, sin sufrir por la ausencia de sal.

Condimentos que resaltan el sabor de las preparaciones:

Especias	Preparaciones adecuadas
Azafrán	Arroz, paella, platos exóticos
Canela	Cremas, compotas, repostería
Clavo de olor	Caldo de pescado
Curry	Salsas para pescados, pollo, carnes rojas
Jengibre	Ensaladas, salsas y mermeladas
Nuez moscada	Carnes, salsas, verduras y algunas dulces
pimienta	Todos los platos

Hierbas aromáticas y finas	
Albahaca	Ensaladas, salsas
Anís	Infusiones, sopas, licores
Cilantro	Animales de caza, carnes
Eneldo	Adobos, salsas , pasteles y licores
Estragón	Ensaladas, vinagreta, salsas y pescados
Hinojo	Pescados, carnes y verduras
Laurel	Salsas, carnes y caldos
Menta	Salsas, vinagreta, cordero, infusiones
Orégano	Ensaladas, quesos, pastas, salsas, y carnes
Perejil	Guarniciones, ensaladas, salsas, sopas, caldos
Romero	Pescados, pollo, vaca, infusiones
Salvia	Cordero y cerdo
Tomillo	Caldo de pescado y platos regionales

---

[13] Torresani M. Elena, Somoza M. Inés. (2009). Lineamientos para el cuidado nutricional. Cuidado nutricional en hipertensión arterial. (3ª ed.). Editorial Eueba. Bs. As. Cap. 3. pág. 297-306.

2.9 Formas de preparación en los regímenes hiposódicos:

Se debe tratar de resaltar los sabores propios de los alimentos usando el uso de otros saborizantes o condimentos exentos de sodio.

La cocción al vapor permite conservar mejor el gusto, aunque el método recomendado cuando lo que nos interesa es disminuir el contenido de sodio es el hervido(a partir de agua fría), ya que una gran parte de los nutrientes incluido el sodio pasa al agua de ebullición. Es importante que la preparación sea vistosa y colorida para estimular el apetito y permitir que se saboreen alimentos más sabrosos.[14]

---

[14] Espacio Nutrición. Como sustituir la sal y resaltar el sabor. Consultado 2015 septiembre 01]. Disponible en: http://espacionutricion.com/como-sustituir-la-sal-y-resaltar-el-sabor/

ESTADO ACTUAL DE LOS CONOCIMIENTOS SOBRE EL TEMA

ESTRATEGIAS MUNDIALES PARE REDUCIR EL CONSUMO DE SAL/SODIO:

CANADÁ

 En Canadá, se creó el año 2007 el grupo multisectorial Group on Dietary Sodium Reduction, integrado por la industria alimentaria, comunidad científica, organizaciones no gubernamentales, grupos de defensa del consumidor, organizaciones de profesionales sanitarios y por el gobierno. Se ha encargado de desarrollar e implementar estrategias para lograr la meta de una reducción del consumo diario de sal a 5,8 g día para el año 2016, entre las que destacan el etiquetado obligatorio del contenido de sal en alimentos, reducción voluntaria de sal, educación, concientización, investigación y vigilancia. Se busca además una reducción voluntaria del contenido de sal en diferentes categorías de alimento, a nivel industrial, de venta al público, en restaurantes y por empresas alimenticias. Se recomienda la mayor reducción posible, teniendo en consideración la seguridad, calidad y aceptación por parte del consumidor. Se sugiere además bajar la recomendación de ingesta de sodio de 2.300 a 1.500 mg/día, equivalente reducir aproximadamente de 6 a 4 g/día.

ESPAÑA

En España el año 2004 el Ministerio de Sanidad y Consumo acordó con la Confederación Española de Organizaciones de Panaderías (CEOPAN) y la Asociación Española de Fabricantes de Masas Congeladas (ASEMAC) reducir 1 g por año la cantidad del sal por kilo de harina, desde 22 g/kg. a un máximo de 18 g/kg. Según evaluaciones posteriores dicho acuerdo se ha cumplido, llegando incluso en el año 2008 a una cifra menor a la meta propuesta. [15]

Durante el año 2011 se puso en marcha una acción de concienciación y sensibilización de la población en relación a la importancia de reducir la ingesta de sal, como medida de prevención de la hipertensión arterial y otras enfermedades denominada Plan Cuídate +.

En el año 2012 se ha continuado con esta iniciativa de divulgación y difusión de información, nuevos contenidos sobre las grasas de los alimentos y los riesgos que

---

[15] Archivos Latinoamericanos de Nutrición. Estrategias globales para reducir el consumo de sal. [Consultado 2015 septiembre 01]. Disponible en: http://www.scielo.org.ve/scielo.php?pid=S0004-06222011000200001&script=sci_arttext

para la salud puede tener su consumo excesivo. También se han incluido en este nuevo Plan Cuídate + 2012, además de toda la información sobre la sal, consejos y referencias para promover la adopción entre la población, de hábitos saludables de vida como es la práctica regular de actividad física o ejercicio físico.

El Plan Cuídate + 2012 se ha desarrollado a través de una página web y una aplicación para móviles que van dirigidas a adultos mayores de 18 años.

La página web consta de diferentes apartados:

• Dos secciones para conocer la grasa y la sal: donde se informa sobre la necesidad del consumo grasas de sal para el correcto funcionamiento del organismo, los riesgos que para la salud puede tener el consumo excesivo de estos nutrientes, recomendaciones o trucos para disminuir o controlar su consumo y orientaciones para conocer el contenido en sal y grasas de los alimentos, entre ellas una explicación pormenorizada del etiquetado de los alimentos, con el objetivo de que el consumidor conozca y comprenda toda la información que puede encontrar en la etiqueta de cualquier alimento lo que le orientará en sus decisiones sobre cuáles son los alimentos más beneficiosos a consumir. Además, dentro de la sección conoce la sal se ha continuado manteniendo un apartado con un juego sencillo por el que se puede calcular el contenido en sal de los distintos alimentos.

• Sección Plan Cuídate +: en esta sección los usuarios de la web después de registrarse contestando a una batería de preguntas sobre sus características específicas de edad, sexo, situación familiar (vivir solo, en pareja, con personas mayores a su cargo, con niños...) hábitos alimentarios y de actividad física reciben durante 20 días, de lunes a viernes, la información necesaria para crear su " fórmula de salud" adaptada a su perfil específico, mediante el envío de emailings personalizados con consejos saludables e información sobre alimentación y actividad física. Al final de cada semana se obsequia a los usuarios con unas recetas elaboradas por la Escuela Superior de hostería y Turismo de Madrid: recetas infantiles, para tupper, recetas de elaboración rápida y recetas de postres.

• Sección Formula+: incluye un juego (quiz game) para que los usuarios pongan a prueba sus conocimientos sobre la información contenida en la web. [16]

---

[16] Gobierno de España. Ministerio de sanidad, servicios sociales e igualdad. Plan cuídate + 2012. [Consultado 2015 diciembre 03]. Disponible en: http://www.naos.aesan.msssi.gob.es/naos/plan_cuidate/)

ESTADOS UNIDOS

Dentro de las estrategias propuestas se encuentra el etiquetado obligatorio del sodio contenido en los alimentos, la reducción voluntaria de la sal, planteándose también la posibilidad de regular la cantidad de sal que los fabricantes pueden agregar a algunos alimentos. La AHA por su parte colabora informando a la población sobre las fuentes de sodio en los alimentos, cómo interpretar el etiquetado, equivalencias de gramos de sodio en sal, contenido de sodio en fármacos y recomendaciones para reducir el sodio en la dieta, entre otros temas. El 2010 el Instituto de Medicina publicó un reporte sobre las estrategias recomendadas para disminuir el consumo de sal en el país. Como estrategia primaria está modificar el nivel de sal considerado como seguro en los alimentos procesados, en los alimentos preparados en restaurantes y revisar el nivel de sal de otros compuestos que contienen sodio. También recomienda a la industria alimenticia reducir en forma voluntaria la sal en sus preparaciones, el apoyo de organismos públicos a las acciones tendientes a limitar el nivel de sal en los alimentos y actividades para apoyar a los consumidores a reducir su ingesta. Garantiza por parte de las agencias federales la supervisión y vigilancia del consumo de sal, el contenido de sodio en los alimentos y pone a disposición de la población la información en forma oportuna. [17]

NUEVA YORK: MENÚS DESTACARÁN LOS PLATOS CON MÁS SAL

A partir del 1ro. de diciembre de 2015, las cadenas de restaurantes de Nueva York con más de 15 sucursales deberán poner una advertencia en sus menús. La misma indicara qué alimentos tienen un contenido de sal que supere los 2,3 mg diarios (una cucharadita de té) recomendados por las Guías Dietarias para Americanos del 2010.

El proyecto de ley fue aprobado por unanimidad en la reunión del 9 de septiembre de la Junta de Salud de Nueva York. También se propuso que para la advertencia se utilice un triángulo con fondo negro que contenga el dibujo de un salero.

Esta iniciativa convierte a Nueva York en la primera ciudad de EE.UU. que adopta este tipo de medida. Los expertos esperan que ayude a combatir el consumo excesivo de sal, y así evitar los riesgos de hipertensión, enfermedades cardíacas y accidentes cerebrovasculares. [18]

---

[17] Archivos latinoamericanos de nutrición. Estrategias globales para reducir el consumo de sal. [Consultado 2015 diciembre 03].Pág. 115. Disponible en: http://www.alanrevista.org/ediciones/2011/2/?i=art1

[18] Hola doctor. Nueva York: menús destacarán los platos con más sal. [Consultado 2015 diciembre 03]. Disponible en: http://holadoctor.com/es/dietas-y-nutrici%C3%B3n/nueva-york-men%C3%BAes-marcar%C3%A1n-peligrosos-platos-con-m%C3%A1s-sal

¿Por qué fue propuesta esta ley?

• Una alta ingesta de sodio es peligrosa. Está asociada con la presión arterial alta y el riesgo de enfermedad cardíaca y accidente cerebrovascular.

• Destacadas organizaciones científicas recomiendan que el consumo diario de sodio no debe exceder los 2,300 mg.

• El contenido de sodio en los productos del menú de los principales restaurantes de comida rápida aumentó   más de 20 % entre 1997 y 2010.

• La mayoría del sodio en la dieta estadounidense (77 %) proviene de comida de restaurantes y alimentos procesados.

• Aproximadamente 10 % de los productos de los menús que se venden en establecimientos de servicio de la   cadena alimenticia en la ciudad de Nueva York, y que se cubren en esta propuesta de ley, tienen por lo menos 2,300 mg de sodio y deberán llevar una etiqueta de advertencia.

¿Por qué son importantes las etiquetas?

• La evidencia sugiere que las advertencias de salud, como por ejemplo la advertencia propuesta para el sodio, puede aumentar el conocimiento y disminuir la compra y el consumo de ciertos productos.

• Más de un millón de neoyorquinos leen las etiquetas de calorías diariamente. Aproximadamente 80 % de los neoyorquinos opinó que eran útiles.

Los restaurantes y los alimentos procesados son la mayor fuente de sodio en la dieta (77 %). El adulto promedio en la ciudad de Nueva York consume alrededor de 3,200 mg de sodio al día, alrededor de 40 % por encima del límite diario recomendado (2,300 mg).[19]

---

[19] The new york city department oh health and mental hygiene. Etiqueta de advertencia de alto contenido de sodio: Por qué es importante. [Consultado 2015 diciembre 03]. Disponible en: http://www.nyc.gov/html/doh/downloads/pdf/cardio/high-sodium-warning-label-sp.pdf

FINLANDIA

Finlandia desde hace más de 3 décadas que cuenta con un programa para restringir la ingesta de sal. Desde los años 80, muchas compañías han reducido la sal en sus productos reemplazándola por un compuesto comercial denominado Pansalt, una forma de sal enriquecida con potasio y magnesio. Una de sus estrategias implementadas ha sido el etiquetado de sus productos preenvasados según salinidad, lo que ha hecho consciente a los consumidores de la sal que contienen los productos a ingerir y ha alentado a los fabricantes para que sus productos no sobrepasen una cantidad saludable de sal. En total, desde el año 1975, se ha logrado disminuir la cantidad de sal consumida por la población desde un promedio de 12 g/día a 9,3 g en hombres y 6,8 g en mujeres.

REINO UNIDO

 Desde hace casi 50 años se están realizando acciones con el fin de reducir el consumo de sal. En el año 1966 se creó el Consensus Action on Salt and Health (CASH) como una respuesta a la negativa del Director Nacional de Salud de la época de apoyar las recomendaciones para la reducción del consumo de sal. CASH tiene como fin interactuar con la industria alimentaria para reducir el contenido de sal de los alimentos procesados, educar a la población, informar al gobierno sobre evidencia disponible de los riesgos de la sal, preocuparse de los grupos de riesgo, asegurar un etiquetado nutricional correcto con respecto a los gramos de sal en los alimentos y trabajar junto a organizaciones para promover un consumo no mayor a 6 g/día. La Food Standards Agency (FSA), ha identificado 80 categorías de alimentos como blanco para la reducción de sal. Dentro de ellos destaca la disminución de un tercio de la sal agregada al pan de molde envasado, 40% en los cereales para el desayuno, 50% en algunos tipos de queso y hasta un 32% en algunos tipos de snacks. La FSA realiza además acciones para informar y para crear conciencia en la población. Asociaciones con el comercio han permitido también disminuir en un 30% la sal en sopas y salsas para preparar y en productos procesados de la carne.[20]

---

[20] Archivos latinoamericanos de nutrición. Estrategias globales para reducir el consumo de sal. [Consultado 2015 diciembre 03].Pág. 114-115. Disponible en: http://www.alanrevista.org/ediciones/2011/2/?i=art1

<u>**LATINOAMERICA:**</u>

DECLARACIÓN POLÍTICA DE LA ORGANIZACIÓN PANAMERICANA DE LA SALUD SOBRE LA REDUCCIÓN DE LA SAL:

La Organización Panamericana de la Salud (OPS) convoco a un grupo de expertos independientes sobre sal y salud, que elaboraron una declaración política sobre la "Prevención de las enfermedades cardiovasculares en las Américas mediante la reducción de la ingesta de sal alimentaria en toda la población".

La mencionada declaración, establece como meta, un descenso gradual y sostenido en el consumo de sal con el fin de alcanzar por lo menos un valor inferior a cinco gramos (5g) por día, por persona, para el año 2020. Con el objetivo de alcanzar una dieta saludable, y con el mismo énfasis, la OMS mediante un informe técnico, recomienda el consumo de una cantidad inferior a 5 gramos por día, por persona. Por ello la importancia de desarrollar programas de reducción de sal sostenibles, con base científico que se integre a programas existentes de alimentos, nutrición, salud y educación. Los programas deben ser socialmente inclusivos. [21]

BRASIL

El consumo de sal en Brasil está cerca de 11 gramos por persona por día. Mucha sal se agrega en la mesa. Brasil ha creado unos objetivos voluntarios sobre los límites de sal en la alimentación. Desde 2007, los acuerdos voluntarios entre gobierno e industria brasileña incluye la reformulación de alimentos para lograr una reducción de sodio. Brasil cuenta con una estrategia nacional para reducir el consumo de sodio. Su objetivo es lograr una ingesta máxima diaria de sal de 5 g en 2020, mediante la reducción de la ingesta de las principales fuentes de sodio (sal añadida y alimentos procesados). La estrategia implica el diálogo con la industria alimentaria, el establecimiento de metas

---

[21] Organización panamericana de la salud. Declaración Política: Prevención de las enfermedades cardiovasculares en las Américas mediante la reducción de la ingesta de sal alimentaria de toda la población. Pág. 1. [Consultado 2015 diciembre 03]. Disponible en: http://www.paho.org/hq/index.php?option=com_docman&task=doc_view&gid=21483&Itemid=

bianuales específicos para diferentes categorías prioritarias de alimentos (por ejemplo, una disminución del 10% al año hasta 2014) y hacer frente a la reducción de sal agregada a través de acciones de educación e información. ANVISA monitorea el proceso.[22]

CHILE

Chile ha implementado unos objetivos voluntarios entre el gobierno y la industria sobre los límites de sal en el pan. Una de sus estrategias principales incluye un programa para la reducción del consumo de la sal/sodio que inició en 2011. El Ministerio de Salud junto a la Federación Gremial Chilena de Industriales Panaderos FECHIPAN y la Asociación Chilena de Supermercados ASACH sellaron un acuerdo voluntario para disminuir la cantidad de sal en el pan, en un plazo de 4 años. Esto parte con un compromiso de panaderías y supermercados que comenzarán a disminuir en forma gradual la cantidad de sal, para llegar a 400 mg o menos de sodio por 100 g de pan en 2014. El promedio estaba en 800 mg por 100 g de pan y bajó en 2014 a 460 mg por 100 g en promedio, lo que implica importante reducción. Sin embargo, en algunos establecimientos adheridos voluntariamente no se ha alcanzado la meta propuesta, pero se ha renovado este compromiso por los principales involucrados, y se continuará en la tarea para lograr una mayor reducción en los que no lo han alcanzado hasta ahora.

En 2012 el gobierno aprobó la Ley 20.606 sobre la composición nutricional de los alimentos y su publicidad. Actualmente, el reglamento de la nueva ley (20.606) fue aprobado y entrará en vigor desde 2016.[23]

---

[22] Asociación Latino-Americana de Sal y Salud. Mapa: Brasil. [Consultado 2015 diciembre 03]. Disponible en: http://www.alass.net/index.php/alass-mapa/brasil

[23] Asociación Latino-Americana de Sal y Salud. Mapa: Chile. [Consultado 2015 diciembre 03]. Disponible en: http://www.alass.net/index.php/alass-mapa/chile

COLOMBIA

Colombia inició la lucha contra la sal con reuniones sobre la planificación de reformas. El gobierno ha tenido un Plan Nacional de Alimentación y Nutrición desde 1996, pero en años recientes ha empezado su investigación de las consecuencias del consumo excesivo de sal y unas sustituciones de ella en la dieta colombiana. Su Estrategia de Reducción del consumo de Sal (ERS) incluye la prevención de la morbimortalidad atribuible a hipertensión arterial y enfermedad cardiovascular, mediante la reducción de sal/sodio en los alimentos que consume la población nacional para alcanzar progresivamente la recomendación de la OMS de 5 g de sal o 2 g de sodio diaria por persona. La ERS incorpora el CDC de Atlanta, el Ministerio de Salud, la industria, la academia y la sociedad civil.[24]

COSTA RICA

En el 2011 el Ministerio de Salud y el Instituto Costarricense de Investigación y Enseñanza en Nutrición y Salud (INCIENSA) lanzaron el Plan Nacional para la Reducción del Consumo de Sal/Sodio en la Población de Costa Rica, 2011-2021. Su implementación inició en el 2012 por medio del Programa para la Reducción del Consumo de Sal/Sodio en Costa Rica, auspiciado por el Centro Internacional para el Desarrollo de la Investigación (IDRC) del gobierno de Canadá.[25]

ECUADOR

El gobierno de Ecuador inició su plan contra el consumo excesivo de la sal con acuerdos voluntarios con la industria alimentaria. En adición Ecuador ha aprobado unas leyes y otros reglamentos para promover la alimentación sana, como la Ley

---

[24] Asociación Latino-Americana de Sal y Salud. Mapa: Colombia. [Consultado 2015 diciembre 03]. Disponible en: http://www.alass.net/index.php/alass-mapa/colombia

[25] Asociación Latino-Americana de Sal y Salud. Mapa: Costa rica. [Consultado 2015 diciembre 03]. Disponible en: http://www.alass.net/index.php/alass-mapa/costa-rica

Orgánica del Régimen de la Soberanía Alimentaria de 2009 y el Reglamento sanitario de etiquetado de alimentos procesados para el consumo humano de 2013.[26]

MEXICO

México ha implementado unos objetivos voluntarios entre el gobierno y la industria sobre los límites de sal en el pan y está involucrada en una campaña para mejorar la educación sobre los efectos de sal que se llama "- Sal + Salud." El enfoque de sus estrategias sobre la alimentación es la lucha contra la obesidad que ha incluido unas leyes sobre impuestos de comida procesada, acuerdos de la educación alimentaria nacional y estrategias para regulará la publicidad dirigido a niños. Hay unas investigaciones privadas también sobre las alternativas de la sal en la reducción de casos de hipertensión.

También se tomó la medida de eliminar los saleros de las mesas en restaurantes en DF. [27]

PARAGUAY

Paraguay ha implementado unos objetivos vinculantes entre el gobierno y la industria sobre los límites de sal en el pan y en la dieta en general. El Ministerio de Salud Pública y Bienestar Social aprobó la Resolución 248 en abril de 2013 por la cual se reglamenta el contenido de sal en productos panificados de consumo masivo. En adición el gobierno de Paraguay ha tenido el enfoque de establecer estándares de alimentación desde el 1995, y ha aprobado unas leyes para el control sanitario de

[26] Asociación Latino-Americana de Sal y Salud. Mapa: Ecuador. [Consultado 2015 diciembre 03]. Disponible en: http://www.alass.net/index.php/alass-mapa/ecuador

[27] Asociación Latino-Americana de Sal y Salud. Mapa: México. [Consultado 2015 diciembre 03]. Disponible en: http://www.alass.net/index.php/alass-mapa/mexico

alimentación escolar. Se ha apoyado por unas empresas grandes del país como Unilever por ejemplo.[28]

URUGUAY

Uruguay ha implementado unos objetivos voluntarios entre el gobierno y la industria sobre los límites de sal en el pan. Según datos analizados obtenidos de la Encuesta de Gastos e Ingresos de los Hogares realizada en Uruguay en 2005-2006 la ingesta de sodio de la población uruguaya prácticamente duplica las recomendaciones de la OMS (5 g de cloruro de sodio por día). El mayor aporte a la ingesta de sodio de la dieta proviene de la sal agregada a las comidas, seguido por los panificados.

Al presente han adherido al convenio 157 panaderías y 2 panificadoras que elaboran y distribuyen en más de 340 puntos de venta en todo el país. Además se encuentra en ejecución el plan de monitoreo de sodio en las panaderías de Montevideo con apoyo de la Intendencia Municipal.

En adición, mediante la Ley de promoción de hábitos alimentarios saludables en centros educativos (Ley 19.140) el gobierno busca mejorar la salud de los niños. Esta ley, entre otros aspectos, no permite la presencia de saleros en los comedores estudiantiles.

Además existe el Decreto departamental de la Intendencia Municipal de Montevideo que prohíbe los saleros y condimentos con alto contenido en sodio en las mesas de locales de venta de comidas. El decreto dice: "En locales donde se vendan comidas para su consumo en el lugar, los saleros y demás condimentos con alto contenido en sodio no podrán estar sobre la mesa ni podrán ser ofrecidos al consumidor salvo que éste expresamente lo solicite." y busca desmotivar el uso de sal en la mesa.

---

[28] Asociación Latino-Americana de Sal y Salud. Mapa: Paraguay. [Consultado 2015 diciembre 03]. Disponible en: http://www.alass.net/index.php/alass-mapa/paraguay

En el marco de MERCOSUR, Uruguay firmó el acuerdo para reducir el consumo de sodio en junio 2015.[29]

MERCOSUR

Los países de MERCOSUR se reunieron en junio 2015 para la 37ª Reunión de Ministros de Salud en Brasilia (DF). Uno de los puntos importantes de la reunión fue el compromiso firmado por el bloque para la reducción del sodio en los alimentos industrializados. Los países del MERCOSUR adoptarán las metas regionales con base en el documento elaborado por un consorcio de especialistas y la OPS –Saltsmart Consortium Consensus Statement– que contiene sugerencias para algunas categorías de productos como panes, carnes y cereales.

A partir del acuerdo con la industria alimenticia, desde 2011 Brasil ya logró retirar del mercado 7,6 mil toneladas de sodio de productos industrializados como pasta instantánea, pancitos, tortas, snacks, mayonesas y galletitas. La meta es que para el 2020 las industrias del sector promuevan el retiro voluntario de 28,5 mil toneladas de sal del mercado. El objetivo del Ministerio de Salud es llegar al índice preconizado por la Organización Mundial de la Salud (OMS) de 5 gramos de sal por persona por día. Actualmente, es de 12 gramos por persona. En las Américas, el consumo de sodio en general ronda los 10 gramos diarios por persona.[30]

---

[29] Asociación Latino-Americana de Sal y Salud. Mapa: Uruguay. [Consultado 2015 diciembre 03]. Disponible en: http://www.alass.net/index.php/alass-mapa/uruguay

[30] Asociación Latino-Americana de Sal y Salud. Mapa: Mercosur. [Consultado 2015 diciembre 03]. Disponible en: http://www.alass.net/index.php/alass-mapa/mercosur

<u>**EN LA ARGENTINA:**</u>

Después de que la Argentina se convirtiera en el segundo país del mundo detrás de Sudáfrica en aprobar un proyecto de ley integral para reducir el consumo de sal, el porcentaje de la población nacional que añade sal a los alimentos tras cocinar o sentarse a la mesa se redujo del 25% en 2009 al 17% en 2013. Estas y otras conclusiones de la Tercera Encuesta Nacional de Factores de Riesgo de la Argentina, puesta en marcha en septiembre de 2014, indican que la iniciativa «Menos sal, más vida» es una alianza público-privada bien diseñada que puede mejorar la salud en un sentido amplio.[31]

Iniciativa "Menos Sal más Vida"

El Ministerio de Salud de la Nación, por medio de la Resolución N° 1083 del año 2009, estableció la Estrategia Nacional para la Prevención y Control de Enfermedades No Transmisibles (ENT) y el Plan Argentina Saludable. En el marco de estas estrategias, se establecieron diferentes acciones y actividades con el objetivo de promover la reducción de los principales factores de riesgos de las ENT.

Además, se impulsó la iniciativa "Menos Sal, Más Vida", la cual persigue disminuir el consumo de sal de la población en su conjunto para reducir la importante carga sanitaria que representan las enfermedades cardiovasculares, cerebrovasculares y renales. Constituye una de las principales acciones de promoción de la salud y forma parte de un plan integral de prevención y control de Enfermedades Crónicas No Transmisibles.

En el año 2010, se creó una comisión, invitando a participar a representantes del Ministerio de Agricultura, Ganadería y Pesca de la Nación, de las Industrias

---

[31] World health organization. El lema de la Argentina: «Menos sal, más vida». [Consultado 2015 septiembre 01]. Disponible en: http://www.who.int/features/2014/argentina-less-salt-more-life/es/

Alimentarias y de la Sociedad Civil con el fin de articular actividades para evaluar y acordar la reducción del contenido de sodio en productos alimenticios.

En consecuencia, en el año 2011, consolidando la Iniciativa "Menos Sal, Más Vida", se acordaron reducciones de sodio en determinados grupos de alimentos procesados y envasados, por medio de la suscripción de Convenios Marcos de Reducción Voluntaria y Progresiva del Contenido de Sodio de los Alimentos Procesados celebrados entre el Ministerio de Salud de la Nación, el Ministerio de Agricultura, Ganadería y Pesca de la Nación y las principales Coordinadoras, Cámaras e industrias de Alimentos de nuestro país.

Dichos convenios establecen metas de reducción del contenido de sodio en diferentes grupos de alimentos procesados de mayor consumo en el país (farináceos, cárnicos, lácteos, caldos y sopas) con el objetivo de alcanzar, para el año 2020, la meta de 5 gramos diarios de consumo máximo de sal por persona, en concordancia con los límites de consumo recomendados por la OMS.[32]

Componentes:

1- Concientización a la población sobre la necesidad de disminuir la incorporación de sal en las comidas.

2- Reducción progresiva del contenido de sodio de los alimentos procesados mediante Acuerdos con la Industria de Alimentos.

3- Reducción del contenido de sal en la elaboración del pan artesanal.[33]

---

[32] Desde las salinas a la mesa. Iniciativa Menos Sal Más Vida. [Consultado 2016 enero 11]. Disponible en: https://desdelassalinasalamesa.wordpress.com/iniciativa-menos-sal-mas-vida/

[33] Ministerio de salud. Dirección de promoción de la salud y control de enfermedades no transmisibles. Menos Sal + Vida. [Consultado 2016 enero 11]. Disponible en: http://www.msal.gob.ar/ent/index.php/informacion-para-ciudadanos/menos-sal--vida

<u>**Ley de reducción de sodio en alimentos**</u>

La Ley 26.905 se sancionó el pasado 16 de Diciembre de 2013 y tiene como objetivo principal promover la reducción del consumo de sodio en la población. Es una Ley que mejora las acciones de prevención de consumo excesivo de sodio que se vienen realizando en el marco de la iniciativa "Menos Sal, Más Vida".

El Ministerio de Agricultura, Ganadería y Pesca, a través del equipo de Nutrición y Educación Alimentaria, participa desde el año 2010 en la iniciativa "Menos Sal, Más Vida". Una iniciativa coordinada por el Ministerio de Salud de la Nación y que cuenta con la participación de otros organismos públicos, cámaras y empresas de la industria de alimentos y bebidas. En este sentido, la iniciativa generó Convenios Marco Voluntarios y Progresivos de reducción de sodio logrando el compromiso de más de 60 empresas a la reducción de este mineral, cuyo consumo en exceso acarrea riesgos a la salud.

Durante esos años, se ha logrado que más de 500 productos con elevado contenido de sodio comiencen un proceso de reducción de este mineral. Muchos de estos productos han superado las metas de reducción de sodio propuestas e, igualmente, han expresado la voluntad de seguir participando de esta iniciativa disminuyendo aún más el contenido de sodio en sus productos.

Durante el 2013 se vio la necesidad de sancionar una Ley que mejora las acciones que se están llevando a cabo con el fin de promover la reducción del consumo de sodio en la población.

La Ley 26.905 fija valores máximos de sodio que deberán contener ciertos grupos de alimentos, y los plazos de adecuación que tendrán las empresas elaboradoras luego de la entrada en vigencia de la ley. Es una norma que obliga a productores e importadores a acreditar ante la autoridad sanitaria que están cumpliendo con las condiciones establecidas en la ley para poder comercializar y publicitar sus productos. De la misma forma, la ley establece sanciones a diversas infracciones en caso de incumplimiento

Cabe mencionar que la ley es más amplia y no se limita solo a ciertos grupos de alimentos sino también establece normas referidas a la sal en sobres, a la limitación espontánea de saleros, a la creación de menús alternativos de comidas sin sal agregada y el uso de mensajes en envases y mensajes –los cuales son competencias de la autoridad de aplicación, Ministerio de Salud de la Nación-. [34]

PROVINCIA DE BUENOS AIRES

Programa de hipertensión arterial de la provincia de buenos aires.

El 30 de mayo de 2011 el Ministerio de Salud de la provincia de Buenos Aires, Argentina, puso en marcha el programa provincial de hipertensión arterial que incluye, entre otros puntos, eliminar los saleros de las mesas de los restaurantes y un acuerdo con los sindicatos de panaderos para la elaboración de productos con bajo contenido en sodio.

En el lanzamiento, el ministro de Salud provincial, Alejandro Collia, firmó dos convenios: uno con la Federación Argentina de la Industria del Pan y Afines (FAIPA), para reducir en un 40 por ciento el nivel de sodio en el pan que se comercializa en la Provincia, y otro con la Unión de trabajadores del turismo, hoteleros y gastronómicos de la República Argentina para eliminar los saleros de las mesas de los restaurantes.[35]

---

[34] Alimentos argentinos. Ley de reducción de sodio en alimentos. [Consultado 2015 diciembre 03]. Disponible en: http://www.alimentosargentinos.gob.ar/HomeAlimentos/Noticias/noticia_completa.php?id_noticia=157

[35] Ministerio de salud de la provincia de buenos aires. Secretaría de Comunicación Pública. Salud lanzó un programa para prevenir y tratar la hipertensión. [Consultado 2015 diciembre 03]. Disponible en: http://www.prensa.gba.gov.ar/notaImprimible.php?idnoticia=10526&i=true

LA PLATA (BUENOS AIRES)

Quitan los saleros del comedor de la Universidad Nacional de La Plata.

La Universidad Nacional de La Plata retiró a partir del día 4 de octubre (de 2013) los saleros de todas las mesas de las 4 sedes del comedor universitario para desalentar el consumo de sodio entre los estudiantes.

"De ahora en más, los alumnos que deseen colocar más sal a la comida deberán requerirla específicamente" afirmaron autoridades de la institución. Con esta medida, la universidad platense se suma al programa provincial de Hipertensión Arterial del Ministerio de Salud de la provincia de Buenos Aires y a la iniciativa "Menos Sal, Más Vida" del Ministerio de Salud de la Nación.[36]

TRABAJOS DE INVESTIGACION SOBRE LOS MENUS HIPOSIDICOS EN LOS RESTAURANTES DE LA CIUDAD DE BUENOS AIRES

Si bien no se encontró un trabajo de investigación puntualmente sobre este contexto en particular podemos hacer justa mención a un trabajo de investigación sobre el consumo de la sal en la Ciudad de Buenos Aires, el cual hace referencia al ámbito de los restaurantes sobre el consumo de la sal valga la redundancia.

El trabajo de investigación se denomina "Hábitos de consumo de sal", a continuación:

<u>Objetivos</u>. Analizar los hábitos de consumo de sal de la población y fomentar, a través de técnicas de comunicación, la disminución de la misma como prevención de enfermedades crónicas no trasmisibles, en restaurantes de la Ciudad de Buenos Aires y Provincia de Buenos Aires en el año 2014.

---

[36] Ministerio de salud. Dirección de promoción de la salud y control de enfermedades no transmisibles. Iniciativa "Menos Sal, Más Vida" Boletín digital Nº 7. [Consultado 2015 diciembre 03]. Disponible en: http://www.msal.gob.ar/ent/newsletter/boletines/boletin_7.html

Metodología. Estudio transversal, observacional y descriptivo. Muestreo por conveniencia. Intencional. No probabilístico. Se evaluaron los hábitos de consumo de sal de la muestra mediante una encuesta nutricional estructurada y personalizada y una frecuencia de consumo de los alimentos procesados. Además se evaluaron los hábitos de consumo de sal en restaurantes mediante una encuesta estructurada.

Resultados. Se escogió una muestra de 30 adultos (n=30) de los cuales 27% corresponde a género masculino y el 73% corresponde a género femenino. La edad comprendió un rango entre 20 a 59 años. El 77% de la muestra no conoce la Ley de reducción de consumo de sal. El 90% utiliza sal común de mesa. Y el 37% la utiliza sin restricción. El 63% lleva el salero a la mesa. El 43% presenta una dieta con alto contenido en sodio proveniente de alimentos procesados. De los restaurantes encuestados (n=10) el 40% no conoce la Ley 26.905. En el 50% de los casos tanto de la población como de los restaurantes se observó que agregan sal a la comida durante la preparación.

Discusión. En concordancia con el Ministerio de Salud se observó que un gran porcentaje de la población estudiada sobrepasa la recomendación de sal diaria. Resultados similares fueron obtenidos en cuanto al agregado de sal a la comida luego de la preparación. La costumbre de llevar el salero a la mesa fue observada tanto en los restaurantes como en la población general.

Conclusión. Es necesario reducir la cantidad de sal/sodio que se utiliza en los procesos industriales para que los ciudadanos puedan contar con opciones más saludables a la hora de comprar y lograr una buena educación alimentaria para que cada individuo utilice la sal de manera más consciente y prevenir las complicaciones propias de su exceso.[37]

---

[37] Hábitos de consumo de sal. Instituto Universitario de Ciencias de la Salud Fundación H. A. Barceló. Facultad de Medicina. Carrera de Licenciatura en Nutrición. Alumnas: Abad, María Sol Ubaltón, María Laura. [Consultado 2016 enero 11]. Disponible en: http://www.barcelo.edu.ar/greenstone/collect/tesis/index/assoc/HASH01d0.dir/TFI%20Abad%20-%20Ubalton.pdf

ESQUEMA DE LA INVESTIGACION

Área de estudio

El lugar donde se realizara la investigación es en el barrio de caballito, capital federal.

Historia del Barrio:

El barrio debe su nombre a la pulpería que en 1804 INSTALÓ don Nicolás Vila en la esquina de las actuales Rivadavia y Emilio Mitre, y que era reconocida por su típica veleta en forma de caballito. Como todos los barrios del oeste, también éste progresó en forma notable con la llegada del ferrocarril, que desde 1857 atravesó el barrio adoptando el nombre de la famosa pulpería para su estación en el lugar. Zona de lujosas quintas a lo largo de la actual avenida Rivadavia, era para los porteños un lugar de fin de semana. Precisamente de una de esas quintas, la de Ambrosio Plácido Lezica, nace en 1928 el parque Rivadavia. El tranvía y más tarde el subterráneo, contribuirán y en mucho al desarrollo de este barrio, hoy en día uno de los más residenciales de Buenos Aires, y en cuyo interior se encuentra localizado el centro geográfico de nuestra ciudad. En la plaza Primera Junta, una réplica de la tradicional veleta del caballito nos retrotrae a aquellos tiempos en que el barrio era el descanso obligado antes de ingresar a Buenos Aires.

Límites:

Río de Janeiro, Avenida Rivadavia, Avenida La Plata, Avenida Directorio, Curapaligüe, Avenida Tte. Gral. Donato Álvarez, Avenida Juan B. Justo, Avenida San Martín, Avenida Gaona, Avenida Ángel Gallardo.

CGPC: CGPC 06

Superficie (en km2): 6,8

Densidad (habitantes/km2): 25.045,4

Población Total: 170.309

Mujeres: 95.110 **Varones: 75.199

Fuente: DGESC, en base a datos censales, año 2001.

Aniversario: 15 de febrero. [38]

Tipo de estudio

- Descriptivo: describen las características más importantes de un problema de salud.
- Transversal: describe la recolección de datos en un momento determinado (un solo corte en el tiempo). Es de gran utilidad para valorar la existencia de menús hiposódicos, mediante un método prospectivo de encuestas sobre el mismo.
- Cuanti-cualitativo: conocer mediante la encuesta la presencia o no de un menú hiposódico, las razones de su implementación y regulación o no del mismo por un ente sanitario y/o gubernamental.

Población objetivo

Son todos los individuos de ambos sexos que solicitan un menú hiposódico.

Grupo de Inclusión

Hombres y mujeres de cualquier edad y/o sexo que soliciten un menú hiposódico.

Grupo de Exclusión

Hombres y mujeres de cualquier edad y/o sexo que no soliciten un menú hiposódico.

---

[38] Buenos Aires Ciudad. Barrio Caballito. [Consultado 2015 octubre 26]. Disponible en: http://www.buenosaires.gob.ar/laciudad/barrios/caballito

Universo

Estará compuesto por todos los restaurantes que forman parte del barrio de caballito de capital federal.

Muestra

Se realiza una investigación en los diez (10) restaurantes más concurridos del barrio de caballito en capital federal.

Técnica de recolección de datos

Cuestionario de menús hiposódicos en los restaurantes más concurridos del barrio caballito en capital federal para analizar las opciones de alimentación que se ofrecen a los clientes.

Instrumento a utilizar

- Entrevista personalizada.
- Formulario de menús hiposódicos.

TRABAJO DE CAMPO

El trabajo de campo fue realizado durante el mes de agosto del presente año en curso en los diez (10) restaurantes más concurridos del barrio de caballito de la ciudad de buenos aires.

En cuanto a la metodología se utilizó un cuestionario de preguntas cerradas y algunas abiertas, la misma dirigida a los mozos o encargados de los restaurantes por medio de la entrevista personalizada.

A continuación los resultados que se obtuvieron durante el trabajo de campo.

Gráfico 1: *Conocimiento sobre la ley de reducción de consumo de sal.*

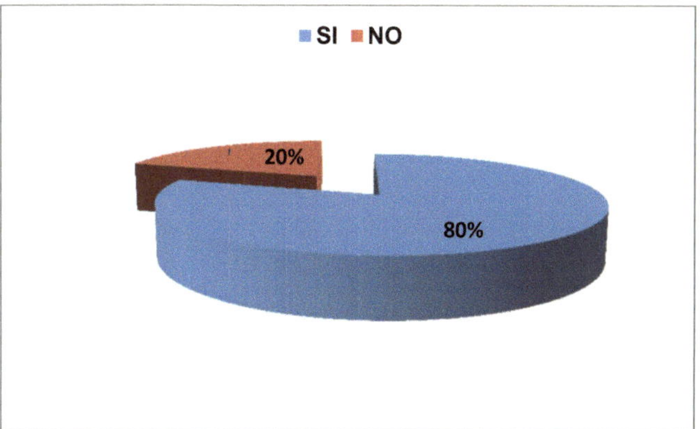

Tabla 1*: Distribución de la muestra de restaurantes en cuanto al conocimiento de la ley de reducción de consumo de sal (Ley 26.905).*

¿Conoce la ley de reducción de consumo de sal (Ley 26.905)?	FRECUENCIA	PORCENTAJE (%)
SI	8	80
NO	2	20
TOTAL	10	100

Del total de la muestra el 80 % (8 restaurantes) conoce la ley de reducción de consumo de sal (Ley 26.905) y el 20 % (2 restaurantes) no conoce la mencionada ley.

Gráfico 2: Utilización de la sal durante la preparación de los alimentos.

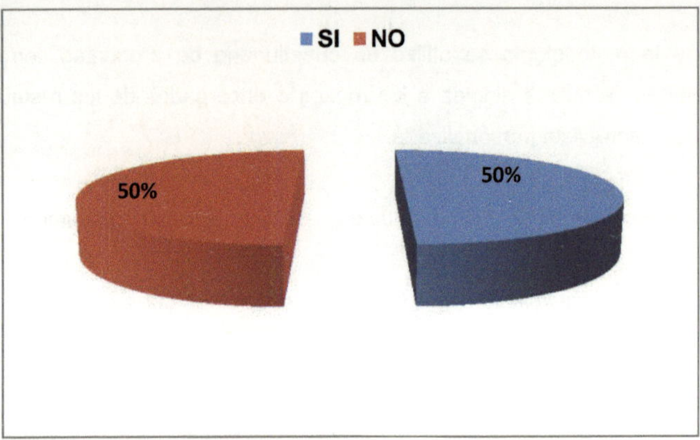

Tabla 2*: Distribución de la muestra de restaurantes en cuanto a la utilización de la sal durante la preparación de los alimentos.*

¿Utilizan la sal durante la preparación de los alimentos?	FRECUENCIA	PORCENTAJE (%)
SI	5	50
NO	5	50
TOTAL	10	100

Del total de la muestra el 50 % (5 restaurantes) utilizan la sal durante la preparación de los alimentos y el 50 % restante (5 restaurantes) no utilizan la sal durante la preparación de los alimentos.

Gráfico 2: Disposición de al menos un menú hiposódico.

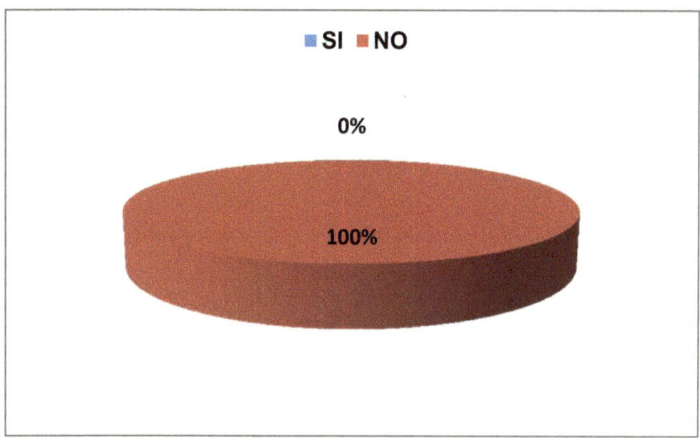

Tabla 3*: Distribución de la muestra de restaurantes en cuanto a la disposición de al menos un menú hiposódico.*

¿Dispone el restaurante de al menos un menú hiposódico?	FRECUENCIA	PORCENTAJE (%)
SI	0	0
NO	10	100
TOTAL	10	100

Del total de la muestra el 100 % (10 restaurantes) no dispone de menús hiposódicos.

RESULTADOS

En base a los datos obtenidos en el trabajo de campo realizado, cabe destacar que el 80 % (8 restaurantes) del total de la muestra conocen la ley de reducción de consumo sal (Ley 26.905) mientras que un 20 % (2 restaurantes) la desconocen.

Por otra parte, del total de la muestra un 50 % (5 restaurantes) utiliza la sal durante la preparación de los alimentos mientras que el 50 % restante (5 restaurantes) no utiliza la sal durante la preparación de los alimentos.

Finalmente cabe destacar que del total de la muestra de restaurantes ninguno dispone de al menos un menú hiposodico sin excepción, motivo por el cual las restantes preguntas formuladas en la encuesta en relación a este punto no obtuvieron respuesta.

CONCLUSIONES

En consideración con los resultados obtenidos en el siguiente trabajo podemos llegar a la conclusión de que aún no se dispone de un menú hipósodico en los restaurantes más concurridos del barrio de Caballito, si bien se pudo observar que la Ley de reducción de consumo de sal se conoce en el 80 % de los restaurantes encuestados.

Se puede destacar además un primer esfuerzo que se está realizando hacia la meta de contar con un menú hipósodico en el 50 % de los restaurantes encuestados que cocinan en una primera instancia sin sal.

Finalmente sería útil que futuros trabajos de investigación a este respecto tomen en consideración que pasos se pueden ir implementando desde el ministerio de salud de la ciudad de Buenos Aires para llegar a la meta de contar con un menú hiposódico dada la alta prevalencia de enfermedades crónicas no trasmisibles con la que cuenta nuestro país.

BIBLIOGRAFIA

1. World health organization. Día Mundial del Corazón 2014: con menos sal se salvan vidas. [Consultado 2015 diciembre 03]. Disponible en: http://www.who.int/mediacentre/news/notes/2014/salt-reduction/es/

2. Sociedad argentina de cardiología. Baja el consumo de sal en Argentina. [Consultado 2015 diciembre 03]. Disponible en: http://www.sac.org.ar/baja-el-consumo-de-sal-en-argentina/

3. Fundación interamericana del corazón argentina. Consumo de sal. [Consultado 2015 diciembre 03]. Disponible en: http://www.ficargentina.org/index.php?option=com_content&view=category&id=104&Itemid=73&lang=es.

4. López L, Suárez M. (2014). Fundamentos de nutrición normal. Agua y electrolitos. (14ava ed.). Editorial El Ateneo. Bs. As. Cáp. 13. pág. 326.

5. World health organization. Informe sobre la situación mundial de las enfermedades no transmisibles 2010 [Consultado 2015 diciembre 03]. Pág. 1-12. Disponible en: http://www.who.int/nmh/publications/ncd_report_summary_es.pdf

6. World health organization. Reducción del consumo de sal en la población. Informe de un foro y de una comisión técnica de la OMS. Pág. 7. [Consultado 2015 diciembre 03]. Disponible en: (http://www.who.int/dietphysicalactivity/salt-report-SP.pdf

7. López L, Suárez M. (2014). Fundamentos de nutrición normal. Agua y electrolitos. (14ava ed.). Editorial El Ateneo. Bs. As. Cap. 13. pág. 325-328.

8. Sociedad argentina de cardiología. Revista argentina de cardiología. Consenso de hipertensión arterial. Vol. 81. suplemento 2. Agosto 2013 pág. 22. Consultado 2015 septiembre 01]. Disponible en: http://www.sac.org.ar/wp-content/uploads/2014/04/Consenso-de-Hipertension-Arterial.pdf

9. Fundación interamericana del corazón argentina. Daño para la salud del consumo excesivo de sal. [Consultado 2015 diciembre 03]. Disponible en: http://www.ficargentina.org/index.php?option=com_content&view=article&id=259%3Adano-para-la-salud-del-consumo-excesivo-de-sal&catid=104%3Asal&Itemid=73&lang=es

10. Uptodate. Consumo de sal, restricción de sal e hipertensión primaria (esencial). [Consultado 2015 diciembre 03]. Disponible en: http://www.uptodate.com/contents/salt-intake-salt-restriction-and-primary-

essential-
hypertension?source=machineLearning&search=sal&selectedTitle=1~150§i
onRank=2&anchor=H187520963#H12

11. Organización panamericana de la salud. Declaración Política: Prevención de las enfermedades cardiovasculares en las Américas mediante la reducción de la ingesta de sal alimentaria de toda la población. Pág. 6. [Consultado 2015 diciembre 03]. Disponible en: http://www.paho.org/hq/index.php?option=com_docman&task=doc_view&gid=21483&Itemid=

12. Sociedad argentina de cardiología. Baja el consumo de sal en Argentina. [Consultado 2015 diciembre 03]. Disponible en: http://www.sac.org.ar/baja-el-consumo-de-sal-en-argentina/

13. Torresani M. Elena, Somoza M. Inés. (2009). Lineamientos para el cuidado nutricional. Cuidado nutricional en hipertensión arterial. (3ª ed.). Editorial Eueba. Bs. As. Cap. 3. pág. 297-306.

14. Espacio Nutrición. Como sustituir la sal y resaltar el sabor. [Consultado 2015 septiembre 01]. Disponible en: http://espacionutricion.com/como-sustituir-la-sal-y-resaltar-el-sabor/

15. Archivos Latinoamericanos de Nutrición. Estrategias globales para reducir el consumo de sal. [Consultado 2015 septiembre 01]. Disponible en: http://www.scielo.org.ve/scielo.php?pid=S0004-06222011000200001&script=sci_arttext

16. Gobierno de España. Ministerio de sanidad, servicios sociales e igualdad. Plan cuídate + 2012. [Consultado 2015 diciembre 03]. Disponible en: http://www.naos.aesan.msssi.gob.es/naos/plan_cuidate/)

17. Archivos latinoamericanos de nutrición. Estrategias globales para reducir el consumo de sal. [Consultado 2015 diciembre 03].Pág. 115. Disponible en: http://www.alanrevista.org/ediciones/2011/2/?i=art1

18. Hola doctor. Nueva York: menús destacarán los platos con más sal. [Consultado 2015 diciembre 03]. Disponible en: http://holadoctor.com/es/dietas-y-nutrici%C3%B3n/nueva-york-men%C3%BAes-marcar%C3%A1n-peligrosos-platos-con-m%C3%A1s-sal

19. The new york city department oh health and mental hygiene. Etiqueta de advertencia de alto contenido de sodio: Por qué es importante. [Consultado 2015 diciembre 03]. Disponible en:

http://www.nyc.gov/html/doh/downloads/pdf/cardio/high-sodium-warning-label-sp.pdf

20. Archivos latinoamericanos de nutrición. Estrategias globales para reducir el consumo de sal. [Consultado 2015 diciembre 03].Pág. 114-115. Disponible en: http://www.alanrevista.org/ediciones/2011/2/?i=art1

21. Organización panamericana de la salud. Declaración Política: Prevención de las enfermedades cardiovasculares en las Américas mediante la reducción de la ingesta de sal alimentaria de toda la población. Pág. 1. [Consultado 2015 diciembre 03]. Disponible en: http://www.paho.org/hq/index.php?option=com_docman&task=doc_view&gid=21483&Itemid=

22. Asociación Latino-Americana de Sal y Salud. Mapa: Brasil. [Consultado 2015 diciembre 03]. Disponible en: http://www.alass.net/index.php/alass-mapa/brasil

23. Asociación Latino-Americana de Sal y Salud. Mapa: Chile. [Consultado 2015 diciembre 03]. Disponible en: http://www.alass.net/index.php/alass-mapa/chile

24. Asociación Latino-Americana de Sal y Salud. Mapa: Colombia. [Consultado 2015 diciembre 03]. Disponible en: http://www.alass.net/index.php/alass-mapa/colombia

25. Asociación Latino-Americana de Sal y Salud. Mapa: Costa rica. [Consultado 2015 diciembre 03]. Disponible en: http://www.alass.net/index.php/alass-mapa/costa-rica

26. Asociación Latino-Americana de Sal y Salud. Mapa: Ecuador. [Consultado 2015 diciembre 03]. Disponible en: http://www.alass.net/index.php/alass-mapa/ecuador

27. Asociación Latino-Americana de Sal y Salud. Mapa: México. [Consultado 2015 diciembre 03]. Disponible en: http://www.alass.net/index.php/alass-mapa/mexico

28. Asociación Latino-Americana de Sal y Salud. Mapa: Paraguay. [Consultado 2015 diciembre 03]. Disponible en: http://www.alass.net/index.php/alass-mapa/paraguay

29. Asociación Latino-Americana de Sal y Salud. Mapa: Uruguay. [Consultado 2015 diciembre 03]. Disponible en: http://www.alass.net/index.php/alass-mapa/uruguay

30. Asociación Latino-Americana de Sal y Salud. Mapa: Mercosur. [Consultado 2015 diciembre 03]. Disponible en: http://www.alass.net/index.php/alass-mapa/mercosur

31. World health organization. El lema de la Argentina: «Menos sal, más vida». [Consultado 2015 septiembre 01]. Disponible en: http://www.who.int/features/2014/argentina-less-salt-more-life/es/

32. Desde las salinas a la mesa. Iniciativa Menos Sal Más Vida. [Consultado 2016 enero 11]. Disponible en: https://desdelassalinasalamesa.wordpress.com/iniciativa-menos-sal-mas-vida/

33. Ministerio de salud. Dirección de promoción de la salud y control de enfermedades no transmisibles. Menos Sal + Vida. [Consultado 2016 enero 11]. Disponible en: http://www.msal.gob.ar/ent/index.php/informacion-para-ciudadanos/menos-sal--vida

34. Alimentos argentinos. Ley de reducción de sodio en alimentos. [Consultado 2015 diciembre 03]. Disponible en: http://www.alimentosargentinos.gob.ar/HomeAlimentos/Noticias/noticia_completa.php?id_noticia=157

35. Ministerio de salud de la provincia de buenos aires. Secretaría de Comunicación Pública. Salud lanzó un programa para prevenir y tratar la hipertensión. [Consultado 2015 diciembre 03]. Disponible en: http://www.prensa.gba.gov.ar/notaImprimible.php?idnoticia=10526&i=true

36. Ministerio de salud. Dirección de promoción de la salud y control de enfermedades no transmisibles. Iniciativa "Menos Sal, Más Vida" Boletín digital N° 7. [Consultado 2015 diciembre 03]. Disponible en: http://www.msal.gob.ar/ent/newsletter/boletines/boletin_7.html

37. Hábitos de consumo de sal. Instituto Universitario de Ciencias de la Salud Fundación H. A. Barceló. Facultad de Medicina. Carrera de Licenciatura en Nutrición. Alumnas: Abad, María Sol Ubaltón, María Laura. [Consultado 2016 enero 11]. Disponible en: http://www.barcelo.edu.ar/greenstone/collect/tesis/index/assoc/HASH01d0.dir/TFI%20Abad%20-%20Ubalton.pdf

38. Buenos Aires Ciudad. Barrio Caballito. [Consultado 2015 octubre 26]. Disponible en: http://www.buenosaires.gob.ar/laciudad/barrios/caballito

ANEXO

Ley 26.905

Consumo de sodio. Valores Máximos.

Sancionada: Noviembre 13 de 2013

Promulgada de Hecho: Diciembre 6 de 2013

El Senado y Cámara de Diputados de la Nación Argentina reunidos en Congreso, etc. sancionan con fuerza de Ley:

ARTICULO 1° — El objeto de la presente ley es promover la reducción del consumo de sodio en la población.

ARTICULO 2° — La autoridad de aplicación de la presente ley es el Ministerio de Salud.

ARTICULO 3° — Apruébese el Anexo I que, como parte integrante de la presente ley, fija los valores máximos de sodio que deberán alcanzar los grupos alimentarios a partir del plazo de doce (12) meses a contar desde su entrada en vigencia.
La autoridad de aplicación puede fijar periódicamente la progresiva disminución de esos valores máximos establecidos en el Anexo I a partir del plazo de veinticuatro (24) meses a contar desde la entrada en vigencia de la presente ley.

ARTICULO 4° — Las pequeñas y medianas empresas productoras de alimentos, definidas conforme la ley 24.467 y sus normas modificatorias y complementarias, deberán alcanzar los valores máximos de los grupos alimentarios del Anexo I a partir del plazo de dieciocho (18) meses a contar desde su entrada en vigencia.

La autoridad de aplicación puede fijar periódicamente la progresiva disminución de esos valores máximos establecidos en el Anexo I a partir del plazo de treinta (30) meses a contar desde la entrada en vigencia de la presente ley.

ARTICULO 5° — La autoridad de aplicación tiene las siguientes funciones:

a) Determinar los lineamientos de la política sanitaria para la promoción de hábitos saludables y prioritariamente reducir el consumo de sodio en la población;

b) Establecer, fijar y controlar las pautas de reducción de contenido de sodio en los alimentos conforme lo determina la presente ley;

c) Fijar los valores máximos y su progresiva disminución para los grupos y productos alimentarios no previstos en el Anexo I;

d) Fijar en los envases en los que se comercializa el sodio los mensajes sanitarios que adviertan sobre los riesgos que implica su excesivo consumo;

e) Determinar en la publicidad de los productos con contenido de sodio los mensajes sanitarios sobre los riesgos que implica su consumo excesivo;

f) Determinar en acuerdo con las autoridades jurisdiccionales el mensaje sanitario que deben acompañar los menús de los establecimientos gastronómicos, respecto de los riesgos del consumo excesivo de sal;

g) Establecer en acuerdo con las autoridades jurisdiccionales los menús alternativos de comidas sin sal agregada, las limitaciones a la oferta espontánea de saleros, la disponibilidad de sal en sobres y de sal con bajo contenido de sodio, que deben ofrecer los establecimientos gastronómicos;

h) Establecer para los casos de comercialización de sodio en sobres que los mismos no deben exceder de quinientos miligramos (500 mg.);

i) Promover la aplicación progresiva de la presente ley en los plazos que se determinan, con la industria de la alimentación y los comerciantes minoristas que empleen sodio en la elaboración de alimentos;

j) Promover con organismos públicos y organizaciones privadas programas de investigación y estadísticas sobre la incidencia del consumo de sodio en la alimentación de la población;

k) Desarrollar campañas de difusión y concientización que adviertan sobre los riesgos del consumo excesivo de sal y promuevan el consumo de alimentos con bajo contenido de sodio.

ARTICULO 6° — Los productores e importadores de productos alimenticios deben acreditar para su comercialización y publicidad en el país las condiciones establecidas conforme lo determina la presente ley.

ARTICULO 7° — La autoridad de aplicación debe adecuar las disposiciones del Código Alimentario Argentino a lo establecido por la presente ley en los plazos fijados en el artículo 3°.

ARTICULO 8° — Serán consideradas infracciones a la presente ley las siguientes conductas:

a) Comercializar productos alimenticios que no cumplan con los niveles máximos de sodio establecidos;

b) Comercializar sodio en sobres que superen los máximos establecidos;

c) Omitir la inserción de los mensajes sanitarios que fije la autoridad de aplicación en los envases de comercialización de sodio, en la publicidad de productos con sodio y en los menús de los establecimientos gastronómicos;

d) Carecer los establecimientos gastronómicos de menús alternativos sin sal, de sobres con la dosificación máxima establecida o de sal con bajo contenido de sodio, así como contravenir la limitación de oferta espontánea de saleros establecida;

e) El ocultamiento o la negación de la información que requiera la autoridad de aplicación en su función de control;

f) Las acciones u omisiones a cualquiera de las obligaciones establecidas, cometidas en infracción a la presente ley y sus reglamentaciones que no estén mencionadas en los incisos anteriores.

ARTICULO 9° — Las infracciones a la presente ley, serán sancionadas con:

a) Apercibimiento;

b) Publicación de la resolución que dispone la sanción en un medio de difusión masivo, conforme lo determine la reglamentación;

c) Multa que debe ser actualizada por el Poder Ejecutivo nacional en forma anual conforme al índice de precios oficial del Instituto Nacional de Estadística y Censos — INDEC—, desde pesos mil ($ 1.000) a pesos un millón ($ 1.000.000), susceptible de ser aumentada hasta el décuplo en caso de reincidencia;

d) Decomiso de los productos alimenticios y de los sobres de sal que no cumplan con los niveles máximos establecidos;

e) Suspensión de la publicidad hasta su adecuación con lo previsto en la presente ley;

f) Suspensión del establecimiento por el término de hasta un (1) año; y

g) Clausura del establecimiento de uno (1) a cinco (5) años.

Estas sanciones serán reguladas en forma gradual teniendo en cuenta las circunstancias del caso, la naturaleza y gravedad de la infracción, los antecedentes del infractor y el perjuicio causado, sin perjuicio de otras responsabilidades civiles y penales, a que hubiere lugar. El producido de las multas se destinará, en acuerdo con las autoridades jurisdiccionales y en el marco de COFESA, para la realización de campañas de difusión y concientización previstas en el inciso k) del artículo 5°.

ARTICULO 10. — La autoridad de aplicación de la presente ley debe establecer el procedimiento administrativo a aplicar en su jurisdicción para la investigación de presuntas infracciones, asegurando el derecho de defensa del presunto infractor y demás garantías constitucionales. Queda facultada a promover la coordinación de esta función con los organismos públicos nacionales intervinientes en el ámbito de sus áreas comprendidas por esta ley y con las jurisdicciones que hayan adherido. Asimismo, puede delegar en las jurisdicciones que hayan adherido la sustanciación de los procedimientos a que den lugar las infracciones previstas y otorgarles su representación en la tramitación de los recursos judiciales que se interpongan contra las sanciones que aplique. Agotada la vía administrativa procederá el recurso en sede judicial directamente ante la Cámara Federal de Apelaciones con competencia en materia contencioso-administrativa con jurisdicción en el lugar del hecho. Los recursos que se interpongan contra la aplicación de las sanciones previstas tendrán efecto devolutivo. Por razones fundadas, tendientes a evitar un gravamen irreparable al interesado o en resguardo de terceros, el recurso podrá concederse con efecto suspensivo.

ARTICULO 11. — Invítase a las provincias y a la Ciudad Autónoma de Buenos Aires a adherir en lo pertinente a su jurisdicción a la presente ley.

ARTICULO 12. — Comuníquese al Poder Ejecutivo nacional.

DADA EN LA SALA DE SESIONES DEL CONGRESO ARGENTINO, EN BUENOSAIRES, A LOS TRECE DIAS DEL MES DE NOVIEMBRE DEL AÑO DOS MILTRECE.
— REGISTRADA BAJO EL Nº 26.905 —
JULIAN A. DOMINGUEZ. — BEATRIZ ROJKES DE ALPEROVICH. — Juan H. Estrada. — Gervasio Bozzano.

<u>CUESTIONARIO SOBRE MENUS HIPOSÓDICOS</u>

1) ¿Conoce la ley de reducción de consumo de sal (Ley 26.905)?

    Si [ ]

    No [ ]

2) ¿Utilizan la sal durante la preparación de los alimentos?

    Si [ ]

    No [ ]

3) ¿Dispone el restaurante de al menos un menú hiposódico?

    Si [ ] Pase a la pregunta 4

    No [ ]

4) ¿Cómo se asesoraron para implementar los menús hiposódicos?

    Nutricionista ( )

    Libro de Cocina. ( )

    Programa de T.V ( )

    Otros ( )

    Desconoce ( )

5) ¿Existe algún ente sanitario o gubernamental que regule los menús hiposódicos que ofrecen?

    Si [ ] Pase a la pregunta 6.

    No [ ]

6) En caso afirmativo nombre cual es el ente sanitario o gubernamental.

____

7) ¿Les hacen entrega de alguna certificación de cumplir con dicha normativa?

    Si [ ]

    No [ ]

BEI GRIN MACHT SICH IHR WISSEN BEZAHLT

- Wir veröffentlichen Ihre Hausarbeit, Bachelor- und Masterarbeit

- Ihr eigenes eBook und Buch - weltweit in allen wichtigen Shops

- Verdienen Sie an jedem Verkauf

Jetzt bei www.GRIN.com hochladen und kostenlos publizieren